배낭여행은 위험해

배낭여행은 위험해

허성행 지음

 북랩

사람들이 나에게 배낭여행에 대해 매일 물어봤으면 좋겠다. 그렇다면 나는 심호흡 크게 한 번 하고 온종일 즐거운 수다를 쏟아낼 수 있을 것이다. 그러나 아쉽게도 질문을 던지는 이는 내 기댓값에 턱없이 모자란다.

새벽 안갯길에서 만난 들꽃처럼 소박한 얼굴들, 불어오는 바닷바람에 파르르 떨며 참빗 튕기는 소리를 내는 야자나무 잎, 그 아래 발코니에서 나일론 기타를 연주하는 레게 머리의 청년, 파란 수로를 조각배처럼 떠가는 흰 구름, 그 건너편에서 나를 초대한 소녀의 가족이 내미는 따뜻한 차이 한 잔, 숙소로 돌아가는 길에 맞닥뜨린 시커먼 개떼를 매섭게 쫓아주던 어느 노인의 꼬부랑 지팡이, 아늑한 저녁 바람을 맞으며 루프톱 레스토랑에서 바라보던 낯선 도시의 능선, 그 너머에 뿌려진 별처럼 반짝이는 이야기들, 그리고 이 모두를 유성처럼 관통하는 그들과 나의 기적적인 삶…. 혼자만 담고 있기에는 너무나도 아깝고 가슴 벅찬 수닷거리다.

그 떨지 못한 너스레의 아쉬움을 달래기 위해 여행길에서 만난 인연과 사연을 글감 삼아 기행문을 써 보기로 작정했다.

나는 휴가 때마다 수동카메라와 배낭을 둘러메고 이 나라 저 나라로 여행을 다닌다(나만의 여행을 응원하고 격려해 주는 아내에게 늘 감사한다). 군데군데 험난하기도 했지만, 여행 중에 만난 모든 것이 좋았기에 집으로 돌아오면 한동안 여행 앓이에 시달린다. 그렇지만 분주한 일상은 나를 다시 아무 일도 벌어지지 않는 하루하루에 가두어 편안함으로 길들인다. 그렇게 침전된 시간 속에 머무르다 보면 우연히 그곳과 닮은 냄새, 소리, 바람, 시선들이 내 주위를 찾아온다. 그럴 때마다 나는 잊었던 숨을 고르고 눈을 감는다. 그러면 멀건 눈두덩 위로 여행지에서 만났던 나의 사람들이 하나둘 나타나 미소 짓는다.

배낭여행을 떠나가면 현지인들의 따뜻한 배려와 도움을 많이 받는다. 단체 관광객과 달리 홀로 배낭을 메고 불쑥 나타난 여행자는 현지인들에게 경계의 대상이 되지 않는다. 안쓰러움이 배인 응원과 잘 돌아가기를 바라는 애틋함을 담은 격려를 보낼 따름이다. 사람들은 여행자에게서 객지로 떠난 가족을 떠올리기도 하고 떠나온 자신을 발견하기도 한다. 흑해의 검은 해변에서 만난 조지아의 한 가족이 러시아로 유학 보낸 아들이 생각난다며 나에게 바리바리 싸 온 점심을 내어 준 일, 멕시코 과나후아토에서 만난 온두라스 출신의 노동자가 늦은 밤 자신의 차로 나를 숙소까지 태워다 준 일이 그렇다. 그러고 보니 오래전 나도 우리 동네에 캐리어를 끌고 나타난 외국인 여행자가 길을 물어 왔을 때 갖은 친절을 모두 베풀어 주고 싶어 했던 적이 있었다. 이처럼 낯선 여행지에서 경험한 현지인들의 따뜻한 마음은 외로운 여행자에게 잊지 못할 이야기로 기록된다. 그리고 그 고마운 우연과 필연의 만남은 다음 여행을 꿈꾸게 하는 이유이자 목적이다.

홀로 떠나기를 주저하는 예비 여행자가 있다면 이 책을 통해 전하고 싶다. 도사린 길 위의 위험 너머에는 보석 같은 만남과 대견한 내가 기다리고 있다는 것을. 그렇기에 눌어붙은 용기를 부추겨 지도 위 그곳으로 떠나가라고, 그럼으로써 자유롭고 행복해지라고.

2024년 가을
허성행

목차

 인도

 **튀르키예**

제1부

인도

I N D I A

더럽고 친절한 뉴델리

위험함에도 불구하고 뭔가에 끌린다는 건 그것이 살아 있음을 증명하기 때문이다. 여행의 희열은 숨죽여 살던 내게 또다시 떠나야 한다고 유혹했다. 참을성 많은 내게도 그 집요함은 대단했다. 결국 나는 카메라와 배낭을 둘러메고 눈 덮인 집을 나서 인천 공항으로 향했다. 그리고 크리스마스트리 같은 도시의 밤들을 날아 위험천만하면서도 매혹적인 인도에 도착했다. 나는 이제 셔터 뒤에 곤두서서 돌이킬 수 없는 순간들을 선명하게 응시할 것이다. 또한 두고두고 꺼내 보는 보석 같은 사진으로 마음 깊이 소장하려 한다. 그것이 과거의 나를 인정하고 미래의 나를 지지하는 소중한 자산이 되리라는 것을 알기 때문이다.

인도 여행의 출발점인 델리 공항에 도착하면 타고 온 비행기만큼이나 무거워진 몸은 어느새 카트에 반쯤 걸쳐져 있다. 그 성치 않은 모양새로 컨베이어 벨트로 굴러 떨어지는 짐 덩이들 가운데 내 배낭을 찾고 있노라면 반대편 벽에 큼지막이 내걸린 'Incredible India(믿을 수 없는 인도)'라는 문구의 걸개그림을 발견하게 된다. 그 문구에 더 많은 수식어를 붙여도 유치하지 않을 것 같은 생각이 드는 건 나뿐만 아니라 인도를 그리워하는 모든 여행자의 한결같은 마음이리라.

　홀로 배낭을 메고 여행한 나라 중 가장 기억에 남는 곳을 꼽으라면 난 주저 없이 천의 얼굴을 가진 인도라고 답한다. 내가 느끼는 인도의 모습은 화려하고 소박하며, 지저분하고 아늑하다. 또 친절하면서도 수줍어하고 한가로우면서도 정신없다. 그리고 경이롭다. 그야말로 믿기 힘든, 믿어지지 않는, 그래서 믿을 수 없을 만큼 놀라운 형형색색의 나라다. 바라나시역에서 걸어 나올 때 코를 찌르는 냄새가 지저분하고, 새벽 물안개가 도도히 흐르는 야무나강 건너편에서 바라본 타지마할이 경이롭다. 숙소를 찾아주겠다며 지팡이를 짚고 앞서가는 노인의 절뚝이는 모습에서 친절함을 느낀다. 코앞까지 들이미는 카메라 렌즈에 어색한 미소로 포즈를 취해 주는 여인이 수줍고, 좁은 기차 칸에 끼어 앉은 가족이 건네주는 도시락이 소박하다. 척박한 대지를 딛고 선 하얀 틱세 곰파가 파란 하늘 아래 아늑하다. 갠지스강이 길게 내려다보이는 어느 루프톱 레스토랑 의자에 깊숙이 앉아 불어오는 포근한 겨울바람을 맞으며 한가로움을 느낀다. 시장 앞 사거리에 뒤엉켜 울려대는 경적들이 정신없고, 숙소로 돌아와 모니터에 띄워 보는 진득한 색채의 사진이 화려하다. 나는 이 마법 같은 인도의 다채로운 모습에 홀려 2년 만에 다시 여행을 온 것이다.

체크무늬 손수건을 묶어 표시한 내 배낭이 시커먼 컨베이어 벨트에 실려 뒤뚱뒤뚱 다가온다. 나는 배낭끈에 부착된 위탁 수하물 바코드 스티커를 뽑아 펴서 내 이름을 한 번 더 확인한 후, 들어 올린 배낭 귀퉁이에 묻은 먼지를 빈손으로 툭툭 털어내어 카트에 싣는다. 그런데 왼쪽 앞바퀴가 잘 굴러가지 않아 카트의 진행 방향이 자꾸 왼쪽으로 틀어진다. 나는 다른 카트로 교체하려다가 앞서가는 청년의 카트를 보고 곧 단념한다. 그의 카트는 내 것보다 더 뻑뻑하게 굴러가고 있었기 때문이다. 또한 수하물 수취대에 빈 카트가 몇 개 남아 있지 않았던 것이 떠오르기도 해서다. 나는 카트가 돌아가지 않도록 손잡이를 양손으로 버터 잡고 왼발에 좀 더 힘을 줘가며 진행 방향을 고수한다. 늘 어딘가는 부족한 구석이 있기 마련인 삶이지만 삐딱해지지 않게 안간힘으로 부여잡고 아끼며 살아가듯이….

　이번 배낭여행의 첫 미션인 '델리 공항에서 숙소 찾아가기'를 수행하기에 앞서 화장실로 향한다. 찾는 이 하나 없는 환전 창구를 지나면 북새통인 작은 화장실이 있다. 협소한 입구에서 대기 줄과 함께 삐져 나오는 지린내가 인도 여행이 다시 시작됐음을 내게 알린다. 공항이 새로 개축되는 내년부터는 화장실의 긴 대기 줄은 볼 수 없을 것이다. 또한 **'지금부터 인도'**라고 일깨우는 듯한 지린내의 후각적 알람도 더는 울리지 않을 것이다. **'상쾌한 인도'**는 인도를 찾는 배낭여행자에게 낯설고 어색한 수식어다. 참 고약한 심보이긴 하지만, 내가 상상하는 인도의 정체성 중 하나가 사라지는 것 같아 못내 아쉽다.

낡은 카트를 밀어 검색대를 지나 공항 로비로 나선다. 로비에는 그 복잡하고 소란스러운 인도의 모습이 아직 드러나지 않는다. 항공권이 없는 사람의 경우 공항 건물 내의 출입을 철저히 통제하기 때문이다. 사람 많고 무질서한 인도이기에 만들어진 정책이다. 로비를 가로질러 가다 보면 커다란 유리문 밖으로 혼돈의 인도가 비로소 보이기 시작한다. 이른 새벽임에도 불구하고 수많은 사람이 출구를 향해 깔때기 모양으로 진을 치고 있다. 굵은 철재 바리케이드에 양 겨드랑이를 건 채 뚫어질 듯 안으로 꽂히는 수많은 시선, 그 사이사이를 헤집는 찡그린 얼굴들, 허공 위로 허우적대는 주인 없는 손짓들, 그리고 경적에 묻힌 아득한 함성들이 침침한 불빛 아래에 뒤죽박죽 섞여 있다. 출구를 나서는 여행객들이 그 속으로 하나둘 빨려들어 흔적 없이 사라진다.

나는 둘러멨던 카메라 가방을 카트 끝에 내려놓고 배를 드러내고 한중간에 벌렁 누운 큰 배낭을 들어 등에 짊어진다. 카메라 가방을 다시 들어 가슴 쪽으로 감싸 멘 후, 두 배낭 사이로 삐져나온 점퍼 양옆 자락을 잡는다. 그리고 두 차례 배낭을 어깨춤으로 들썩이며 아래로 잡아당겨 점퍼의 주름을 편다. 옷매무시를 가다듬은 나는 크게 들이마신 숨을 당긴 턱으로 부푼 가슴에 가두고 속삭인다.

"가보자!"

나는 참았던 숨을 길게 내쉬며 그토록 갈구했던 인도 속으로 첨벙 뛰어들 준비를 끝낸다.

허리춤에 방망이를 찬 군인들이 지켜선 게이트 밖에는 가히 세계 최고 수준의 호객 행위들이 난무한다. 뜨문뜨문 나오는 외국인 중에 갈 길을 잃어 두리번거리는 여행객에게는 여지없이 호객꾼들이 사방을 에워싸며 몰려든다. 그리고 몇 개의 질문을 돌려 물으며 어쩔 줄 몰라 하는 여행객에게 목적지를 그악스럽게 추궁한다.

"어디로 가?"

"델리역으로 가?"

"어느 호텔로 가?"

이에 여행객이 목적지를 수줍게 고백하면 호객꾼들은 서로 다른 가격을 높은 순으로 앞다투어 제시한다.

"500루피(INR, 인도의 화폐단위)."

"400루피."

"350루피."

지난번 방문 때 이미 겪었던, 혼을 쏙 빼놓는 이들의 레퍼토리다. 그때 나는 300루피를 제시한 호객꾼을 골랐었고 그는 나를 어두운 주차장으로 데려가더니 어떤 자동차 기사에게 넘겼다. 그런데 그 기사는 목적지에 도착해서 내 배낭이 무겁다며 추가 운임으로 100루피를 강탈해 갔었다.

나는 퍼붓는 그들의 수작을 귓등으로 넘기며 앞만 보고 걷는다. 이번엔 새로운 정보를 알고 있기 때문이다. 주저 없이 길 하나를 건너 오른편에 있는 선지급 택시 티켓 부스로 향한다.

"파하르간지(뉴델리의 대표 시장)."

부스 안 붉은 터번을 쓴 노인에게 내가 말했다.

"200루피."

노인이 손가락 두 개를 펴 보이며 말했다. 나는 요금을 내고 그에게 손바닥만 한 티켓을 받는다. 그러자 옆에 섰던 더벅머리 청년이 내게 따라오라고 손짓하며 줄지어 정차된 택시들 앞쪽으로 걸어간다. 나는 그가 또 다른 호객꾼일까 싶어 부스 안 노인에게 묻는다.

"저 남자를 따라가면 되나요?"

"네."

붉은 터번의 노인이 심드렁한 표정으로 대답했다. 부스 옆에 서 있던 흰 터번의 남성이 청년 쪽으로 손을 들며 내게 말한다.

"그를 따라가세요."

저만치 앞서간 청년이 검은 택시 옆에서 나를 기다린다. 나는 청년에게 손을 들어 답한 후 흰 터번의 남성에게 말한다.

"감사합니다."

나의 인사에 남성이 턱을 옆으로 들어 올리며 까딱인다. 오랜만에 보게 되는 인도인 특유의 의사 표현 방식이다.

지난번 여행 때 인도 사람들의 옆으로 갸우뚱 젓는 고갯짓을 나는 부정의 표현으로 오해했었다. 긍정이라면 고개를 앞으로 끄덕이는 게 일반적이기 때문이다. 그로 인해 여행 초반에 몇 번의 촌극이 벌어졌었다. 나는 너그러운 대접과 관대한 수용을 무시하고 냉정히 돌아서거나 끝난 흥정을 계속 졸라대는 무례를 범했더랬다. 결국 몇 번의 시행착오 끝에 저 고갯짓이 '알겠다', '수긍한다', '동의한다'와 같은 긍정의 표현이라는 것을 뒤늦게 깨달았다. 그 후에는 나도 인도인들의 물음에 멋스럽게 흉내 낸 저 고갯짓으로 답했다. 그럴 때마다 나는 현지에 완벽히 동화된 노련한 여행자가 된 것 같아 내심 뿌듯했다. 이제 다시 그 고갯짓을 써먹을 수 있는 인도에 왔다. 나를 향한 이들의 질문이 기다려진다.

빠른 걸음으로 더벅머리 드라이버에게 걸어간다. 기다리던 그가 택시 뒷문을 열어준다. 나는 큰 배낭을 뒷좌석 안쪽으로 밀어 넣고 그 위에 카메라 배낭을 쌓는다. 그리고 작은 그의 택시에 올라탄다. 청년의 몸동작을 닮은 택시는 거칠고 재빠르게 출발한다. 목적지가 파하르간지란 것을 드라이버에게 한 번 더 못을 박고 난 후에야 나는 등을 의자에 붙여 편히 앉을 수 있었다. 간혹 엉뚱한 곳에 내려놓고 목적지까지의 추가 운임을 요구하는 드라이버가 있기도 해서다.

택시는 공항 요금소를 나와 회색빛 안개로 물든 한적한 공항로를 내달린다. 창문을 열어 실눈으로 바람을 맞는다. 집을 나서던 차디찬 어제와는 사뭇 다른 훈훈함을 머금은 새벽 공기다. 긴장이 풀린 내 얼굴에 간지러운 미소가 그제야 번진다.

어느 나라 어느 도시에서건 공항을 나와 택시나 버스에 동여맨 배낭을 싣고 숙소로 이동할 때, 차창으로 들어오는 달라진 호흡과 풍경은 나를 설레게 한다. 여행자로서 이 자리를 꿰차고 앉아 있음에 대한 감사와 흐뭇함이 교차하며 가슴은 한껏 부풀어 오른다. 아무 일도 벌어지지 않던 하루하루, 편안함에 길들어 그대로 머무르다 침전된 시간. 그렇게 굳어지는 일상을 깨고 나는 다시 여행을 시작한다. 나를 반기는 새로운 세상을 향해…. 나를 기다리는 소중한 인연을 찾아…. 떠날 수 있는 용기를 가진 대견한 나를 만나기 위해….

그리움을 찾아가는 길이다.

흥겨운 브라스밴드의 음악 소리와 함께 한 무리의 사람들이 인도와 차도 일부를 점령하여 행진한다. 행렬 맨 앞에는 전통 복장을 한 청년이 도우미가 끄는 말 위에 타고 있다. 그 뒤를 화려하게 차려입은 이십여 명의 사람과 자주색 바탕에 금색 선으로 치장된 갑옷 형태의 조끼를 맞춰 입은 악단 십여 명이 따른다. 단원들은 트럼펫, 트롬본, 호른, 그리고 크고 작은 북 등 저마다의 악기를 열심히 연주한다. 관악기는 모두 은색으로 맞췄다. 새신랑이 결혼을 위해 신부의 집으로 가는 중이라고 옆에서 나와 같이 구경하던 청년이 슬쩍 귀띔해 준다. 행렬 모두가 내 카메라에 친절하게 응해 준다. 심지어 말에 탄 신랑은 나이에 걸맞지 않은 온화한 미소를 지으며 한동안 멈춰 서서 나의 촬영을 끝까지 기다려 준다.

"오래오래 행복한 결혼 생활 되길 바랍니다."

나는 고마움이 담긴 축복의 말을 신랑에게 건넸다.

"감사합니다."

"인도에 온 걸 환영합니다."

"좋은 여행 되세요."

상냥함이 듬뿍 담긴 인사들이 신랑 뒤에서 기다렸다는 듯이 넘어온다.

큰 굴다리를 지나자, 왼편 가까이 뉴델리역이 보인다. 도로변에는 널조각을 펴고 앉은 상인들이 줄을 잇는다. 꽃을 파는 사람, 신문을 파는 사람, 신발을 파는 사람…. 차도에는 자전거 릭샤, 오토 릭샤, 오토바이, 그리고 자동차들이 빈틈없이 들어차 있다. 네 개의 차선에 무려일곱 줄이 만들어졌다. 줄마다 울려대는 요란한 경적이 마치 돌림노래라도 부르듯 쉼표 없이 이어진다. 건너편 도로변에는 향신료를 파는가게, 생활용품을 파는 가게, 약을 파는 가게 등 다양한 상점이 문을열고 손님을 맞는다. 오늘 새벽에 도착했을 때의 어둡고 음산한 모습은 온데간데없다.

여러 가게 중에 조그마한 시계방이 유독 내 눈에 들어온다. 가게 입구를 줄기 삼아 동그란 얼굴의 벽시계들이 해바라기처럼 가득 피었다. 노랗고 하얀 시계 판 위에 비슷한 각도로 멈춰 선 시침 분침과는 달리초침들은 제각각 돌아간다. 초침이 빠져 있는 시계도 더러 보인다.

이번 여행에 인도 북부의 고산지대를 방문하는 일정이 있어 고도 및기압 측정 기능이 있는 디지털 손목시계를 하나 장만했다. 저렴한 가격에 온도 측정과 알람 기능까지 있어 앞으로 오지 여행을 갈 때마다유용할 것 같았다. 그러나 차고 온 시계가 제 기능을 발휘하기도 전인지금, 벌써 후회하고 있다.

나는 디지털시계보다 아날로그시계를 선호한다. 가로세로의 전자 막대가 겨를 없이 꽉 들어찬 디지털시계의 정교함보다 시곗바늘 사이가 넉넉하게 비어 있는 아날로그시계의 엉성함이 좋다. 그 공간으로 지나간 시간 또는 계획된 일정까지의 남은 시간을 가늠하기에도 편하다. 이는 단순히 그 옛날 해시계를 보던 조상의 습관이 내 몸에 남아 있기 때문이라고 생각했다. 그런데 이번 여행에서 디지털시계가 적어도 내게는 아날로그시계만큼 직관적이지 않아 불편하다는 것을 새삼 알게 되었다. 디지털시계가 나타내는 숫자를 시간으로 인식하려면 공간으로의 변환 같은 찰나의 사유 작용이 필요했다. 그리고 덧셈과 뺄셈을 통해야만 다음 일정까지의 남은 시간이 계산된다. 어쩌면 이 또한 숫자를 몰랐던 오래전 조상의 유전일 수도 있다. 어쨌든 나는 아날로그시계가 더 좋다. 이는 단순한 아날로그의 감성, 즉 전자식이 아닌 기계식의 낭만 따위와는 상관없는 얘기로서 그저 시계 판의 선호도일 뿐이다. 요즘은 말이 아날로그시계지 가슴팍엔 다들 건전지 하나씩을 몰래 품고 있지 않은가.

시계방의 모든 시계가 점심때가 한참 지났음을, 그래서 내가 두 시간째 허기졌다는 것을 단박에 알려 준다. 고소한 기름 냄새가 난다. 길옆 작은 수레 위 양은솥에서 사모사(다진 고기나 채소 등을 얇은 반죽에 넣어 튀겨낸 인도의 길거리 음식)가 노릇노릇 튀겨지고 있다. 나는 입에 고인 침을 삼키며 그 앞을 힘들게 지나간다. 지금 내게는 식욕보다 그리움의 충족이 먼저다. 델리역 앞 광장을 지난다. 그리고 길을 건너 파하르간지로 들어선다.

지난번 인도에 와서 파하르간지가 보여 주는 전통시장의 모습을 촬영하기에 정신이 없을 때였다. 이 나라 어디서나 그렇듯이 바닥 여기저기에 소똥들이 지뢰처럼 깔려 있었고 그중 하나를 밟았다. 쪼리를 신고 있던 나는 짧은 비명으로 즉각적 반응을 했고 주변 사람들은 웃음을 터뜨렸다. 배낭에서 휴지를 꺼내 열심히 발을 닦아내는 내게 양파가게 할아버지가 물이 든 깡통을 가져다주었다. 나는 그 물로 발에 묻은 오물을 말끔히 닦아낼 수 있었고 고마운 마음에 그의 사진을 몇 장 찍었다. 그리고 다음 인도 방문 때 사진을 인화해서 가져오겠노라고 약속했다. 그렇지만 할아버지는 영어를 알아듣지 못해 그저 웃기만 했었다. 어쩌면 나 혼자만의 것이었을지도 모르는 그 약속을 지키기 위해 지금 양파가게로 가는 길이다.

번잡한 시장의 중심가가 끝나는 삼거리 작은 공터에 다다랐다. 할아버지의 양파가게가 과일을 파는 손수레 장사꾼 너머로 보인다. 할아버지는 연회색의 옷을 입고 보라색 양파 무더기 뒤에 앉아 손님에게 건네줄 양파를 하얀 비닐봉지에 담는 중이다. 2년 전의 모습 그대로다. 수염의 모양, 벗어진 이마 양옆으로 내려 빗은 흰머리, 앉아 있는 자세까지도…. 모두 그대로다. 달라진 거라고는 옷의 색깔밖에 없다.

나는 손님이 비닐봉지를 받아 들고 떠나며 내준 자리로 다가선다. 할아버지가 대번에 나를 알아보고 웃는다.

"오랜만이에요."

"…"

"저 기억하죠?"

"…"

반가움에 벅차오르는 몇 마디 인사말에 할아버지는 웃음만 계속 지어 보일 뿐 말이 없다. 나는 배낭에서 구겨지지 않게 고이 담아 온 사진을 꺼내어 할아버지에게 보여 주며 건넸다.

"지난번에 찍었던 사진이에요."

사진을 받아 든 할아버지는 두 배로 커진 미소로 나와의 재회를 기뻐한다. 그리고는 나에게 가게 안으로 들어오라며 두툼한 손짓을 한다. 가게 안쪽에는 두 명의 사내가 어리둥절한 표정으로 앉았다가 둘 사이에 앉은뱅이 의자 하나를 뒤쪽에서 꺼내놓는다. 나는 배낭을 가랑이 사이에 내려놓으며 의자에 앉는다.

"아들, 아들."

왼쪽의 보라색 카디건을 입은 사내가 본인과 내 오른쪽의 사내를 짧게 소개했다.

"만나서 반갑습니다."

내가 인사하니 둘은 고개만 여러 번 끄떡일 뿐 말이 없다. 나도 고개를 끄떡이며 우리가 소통할 수 있는 언어가 없음을 깨닫는다. 내가 늘 그리워하는 인도, 그리고 사람들에게 더 가까이 다가가는 여행을 위해 힌디어를 배워야겠다고 다짐하며 두 아들에게 번갈아 웃음을 지어 보인다.

할아버지가 뒤를 돌아보며 오른쪽에 앉아 있는 수염이 멋진 아들에게 뭐라고 이야기한다. 아들이 일어서서 상점 밖으로 나간다. 잠시 후 아들과 같이 온 차이왈라(인도식 차를 파는 사람)가 모두에게 차이 한 잔씩을 돌린다. 언어의 장벽을 녹이는 달콤하고 따뜻한 차이를 홀짝이며 우리 넷은 아무런 말 없이 양파 무더기 너머의 시장을 구경한다. 가끔 서로의 존재를 확인하는 눈빛을 주고받으며 드나드는 손님을 맞이하고 또 보낸다. 그렇게 우리는 오랜 시간을 지루하지 않게 한가롭고 즐겁게 보냈다.

　흔히들 말하는 올드델리역의 공식 명칭은 'Delhi Junction railway station'이다. 통상 뉴델리역과 구별하기 위해 올드델리역이라고들 한다. 자이살메르를 포함한 델리 북서쪽 라자스탄주로 가는 기차는 주로 이 역에서 출발한다. 나는 오늘 저녁 5시 40분에 출발하는 자이살메르행 기차를 타기 위해 올드델리역으로 가야 한다. 묵고 있는 게스트하우스에서 뉴델리역은 도보로 이동할 수 있지만, 올드델리역은 거리가 꽤 있어 릭샤나 택시를 타고 이동할 참이다. 그런데 언제 역으로 나갈지가 고민이다. 인도 기차의 연착은 세계적으로 악명이 높기 때문이다. 일정표에 맞춰 기차가 출발하고 도착할 거라고는 여행자들뿐만 아니라 모든 인도인도 믿지 않는다. 더구나 지난번 인도 여행 때 델리행 기차를 타기 위해 바라나시역에서 겪었던 일이 나를 더욱 망설이게 한다. 그때 나는 기차 시간에 맞춰 출근하는 직장인들과 함께 역으로 나갔다가 플랫폼에서 일과 시간을 온전히 빈둥대며 보낸 후 그들의 퇴근 시간이 돼서야 도착한 기차를 탔더랬다. 나의 네 번째 인도 여행부터는 기차 운행 및 연착 시간을 실시간으로 안내해 주는 앱이 생겼다. 이제 해당 시간에 맞춰 역으로 가면 되기에 인도의 기차 여행이 한결 수월해진 것이다.

　인터폰 너머에서 숙소 직원의 사근사근한 목소리가 들린다.

　"릭샤가 왔습니다."

나는 고심 끝에 기차를 놓치는 것보다 역에서 기다리는 것이 낫겠다 싶어 제시간, 아니 퇴근길 러시아워를 피하고자 좀 더 일찍 서두르기로 했다. 그리고 늦은 체크아웃을 허락해 준 게스트하우스에 오토릭샤를 요청해 두었었다.

"네, 알겠습니다." 대답한 나는 짐을 챙겨 나간다.

숙소에서 불러준 노란 비닐지붕을 얹은 초록색 오토 릭샤가 현관 앞에서 나를 기다리고 있다. 운전석에는 큰 아가일 무늬의 낡은 카디건을 입은 운전사가 앉아 있다.

"안녕하세요."

내가 인사하자 운전사가 턱을 들어 고개를 옆으로 까딱인다. 큰 배낭을 뒷좌석에 던져 실으니, 릭샤가 양옆으로 기우뚱거린다. 운전사가 검게 그을린 손으로 핸들을 거머쥐고 무표정으로 버틴다.

"갑시다."

릭샤에 올라탄 내가 운전사에게 말했다. 이윽고 경쾌한 엔진소리와 함께 릭샤의 작은 세 바퀴가 부지런히 돌아간다.

늦은 오후의 누그러진 햇빛이 지붕에 걸린 뉴델리역. 그 앞 광장의 길어진 소경들을 오른쪽에 두고 릭샤는 북쪽으로 속도를 낸다. 릭샤 운전사의 좁은 어깨를 타고 넘어온 따뜻한 바람이 찡그린 눈을 비집다가 부푼 볼에 번진다. 여기저기 달리는 오토 릭샤 머플러에서 뱉어내는 휘발유 탄내가 유년 시절을 떠올리게 한다. 오토바이에서 나온 배기가스 냄새가 좋다며 지나가는 오토바이 꽁무니를 쫓던 내 친구들, 깔깔대던 웃음소리, 그리고 그 골목길….

냄새는 예전 기억을 소환하는 능력이 탁월하다. 냄새를 느끼는 후각은 다섯 개의 감각 중에 가장 예민해서 계속되는 자극에 쉽게 피로해진다. 그래서 반복되는 자극에 맥을 못 추고 반응하지 못하는 특징이 있다. 같은 공간에 머물며 특정 냄새에 오랫동안 노출된 사람들이 그 냄새에 대한 새로 들어온 사람의 반응에 공감하지 못하는 경우가 그러한 예이다. 그렇지만 우리의 예전 기억을 떠올리게 하는 연상 능력은 다른 감각에 비해 후각이 가장 강력하다. 아름다웠던 색채, 감미로웠던 소리, 부드러웠던 촉감, 그리고 달콤했던 미각이 하나하나 퇴색되고 닳아 희미해져도 냄새는 기필코 콧속 어딘가에 살아남아 옛 기억을 끄집어낸다.

또한 후각은 다른 감각과 다른 묘한 특징이 하나 더 있다. 다른 사람의 몸에서 풍기는 인상 찌푸릴 체취가 내 아이의 몸에서 나는 것이라면 달라진다. 아마도 그 냄새가 달가운 사람은 부지기수일 것이다. 모빌을 보며 버둥대는 갓난아기의 배냇저고리에 밴 침 냄새, 놀이에 몰두한 귀여운 자녀의 정수리에서 나는 큼큼한 냄새, 뛰어놀다 들어온 아이의 토실토실한 목덜미에서 나는 비릿한 살냄새. 비록 향기롭지는 않지만, 이런 냄새를 맡으며 부모는 애틋한 내 새끼임을 확인하고 번식한 사랑이 잘 성장하고 있음에 안도한다. 심지어 그 냄새를 맡겠다며 거부하는 아이를 조르는 엄마를 본 적이 있다. 그렇다면 내 몸에서 나는 냄새는 어떠한가. 그것에 대한 거부감은 아예 없는 듯하다.

입속, 콧속, 겨드랑이, 사타구니 등에서 나는 그 민망한 냄새에 중독되어 수시로 탐닉하는 사람들조차 있다. 독일 축구 대표 감독이 경기 중 자기의 사타구니에 넣은 손을 꺼내어 냄새를 맡는 장면이 중계 카메라를 통해 전 세계에 적나라하게 방송되기도 했다. 그러고 보면 후각은 참 비표준적이고 비이성적이며 부조리하다. 그리고 가장 회귀적이고 친근하며 본능적인 감각이다.

올드델리역 대합실로 들어선다. 앞쪽 벽에 열차들의 운행 정보들을 보여 주는 넓적하고 까만 얼굴의 전광판이 고개를 수그린 채 나를 내려다본다. 나는 '열차번호: 2461', '열차 이름: Mandor Express'를 중간쯤에서 찾을 수 있었다. 출발 시간과 목적지도 손에 쥔 티켓과 일치한다. 플랫폼 번호는 구름다리를 오를 필요 없이 대합실과 바로 연결된 1번이다. 앞뒤로 멘 두 배낭의 육중함에서 벗어나는 해방감으로 행복해진다. 열차 도착시간이 한 시간 정도 남아 있다. 나는 대합실 안에 있는 매점에서 달고 고소한 비스킷 하나와 즐겨 먹는 오렌지 맛 탄산음료 하나를 사 들고 1번 플랫폼으로 나간다. 건너편에 보이는 다른 플랫폼들에 비해 1번 플랫폼은 한가했다. 나는 한쪽 구석 바닥에 배낭 두 개를 모두 내려놓는다. 그리고 큰 배낭을 등받이 삼아 기대어 앉아 탄산음료 캔을 딴다.

"빠밤!"

관악기들의 합주 소리를 닮은 전자음이 역 전체에 울려 퍼진다. 이어 알아듣지는 못하지만 너무나도 익숙한 안내방송이 정갈하게 다듬어진 여성의 목소리로 나온다. 10개는 족히 넘어 보이는 플랫폼에는 시간이 지나도 꿈쩍하지 않고 서 있는 기차도 있고, 들어서자마자 많은 승객을 부려놓고 바로 출발하는 기차도 있다. 때로는 정차 없이 그대로 역을 통과하는 기차도 보인다. 그 플랫폼들을 넓은 어깨로 감싸 안은 구름다리에는 크고 작은 봇짐과 가방을 이고 멘 사람들로 북적인다. 곳곳에 달린 커다란 스피커에서 전자음으로 시작되는 안내방송이 수시로 흘러나온다.

역시 출발 시간이 지났는데도 1번 플랫폼의 철로는 텅 비어 있다. 익히 경험한 인도 기차의 연착이기에 나는 여유를 가지고 기다리기로 한다. 기특하게도 출발 시간이 30분밖에 지나지 않았을 무렵 열차 한 대가 플랫폼으로 천천히 들어온다. 배낭을 챙겨 메고 내 앞을 지나가는 열차 칸의 객차 번호에 'A1'이 있는지를 확인한다. 열 칸 정도가 지나갔는데도 내 객차 번호는 보이지 않았다. 객차 번호 배정의 규칙성도 알 수가 없다. 열차가 서서히 멈춰 선다. 나는 지나가지 않은 객차들을 확인하기 위해 티켓을 들고 잰걸음으로 움직인다. 대여섯 개의 객차를 지나치고 난부터는 화물칸들이 나타난다. 앞쪽에 지나간 객차 중에 A1이 있었던 건 아닐까 하는 생각에 나는 다시 앞쪽으로 뛰어간다. 그러다가 열차에 올라타려는 한 청년에게 내 티켓을 보여 주며 묻는다.

"A1 칸이 어디에 있나요?"

잠시 내 티켓을 바라보던 청년이 미간을 조이며 서툰 영어로 말한다.

"당신 기차 이곳 아니에요. 플랫폼 번호 바뀌었어요. 스피커 안내방송 말했어요."

그렇다. 플랫폼 번호가 간혹 바뀌기도 한다는 사실을 깜빡하고 있었다. 안내방송을 알아듣지 못하는 나는 수시로 플랫폼 중간마다 비치된 전광판을 확인했어야 했다.

"몇 번 플랫폼으로 바뀌었죠?"

나의 다급한 질문에 청년은 기차 탑승구에서 두세 걸음 물러서며 구름다리 쪽을 살핀다. 그리고 손을 들어 뭔가를 설명하려다가 답답하다는 표정을 지으며 멈춘다.

"따라오세요."

청년이 구름다리를 향해 뛰어가며 말했다. 나도 그의 뒤를 쫓아 달린다. 앞뒤로 매달린 배낭이 위아래로 크게 출렁이며 나의 뜀박질을 방해한다. 청년이 한 번에 두세 개의 계단을 디디며 구름다리로 민첩하게 올라간다. 나도 그를 따라 한 걸음에 두세 계단씩 뛰어오르려 했으나 무거운 배낭으로 인해 쉽지 않다. 계단의 중간까지 오른 청년이 뒤돌아보더니 총총걸음으로 계단을 내려온다. 청년이 내가 메고 있는 큰 배낭끈을 잡아채며 자신에게 건네라는 몸짓을 한다. 나는 앞으로 멘 카메라 가방을 양어깨에서 벗겨내고 등에 진 배낭을 청년에게 건네며 말한다.

"고맙습니다."

청년은 건네받은 배낭을 오른쪽 어깨에 걸치고 다시 두 계단씩 휘청이며 뛰어 올라간다. 나도 두 계단씩 뛰어오르며 그와의 간격을 좁힌다. 구름다리 위에는 여전히 오가는 많은 사람으로 붐빈다. 그 사이를 요리조리 몸을 돌려가며 우리 둘은 속도를 줄이지 않고 뛰어간다. 세 개의 플랫폼을 건너 오른쪽 계단 아래로 방향을 틀던 청년이 내가 잘 따라오는지 뒤돌아 확인한다. 그러고는 계단을 미끄러지듯 빠르게 내려간다.

계단 아래에 7번, 8번 플랫폼이 넓은 도로처럼 뻗어 있다. 플랫폼 양쪽의 철로에는 남색의 기다란 기차가 쌍둥이처럼 마주 보고 있다. 그 가운데를 청년은 오른쪽으로 기운 어깨로 달려간다. 이제야 내 기차를 찾아주겠다며 언제 출발할지 모르는 자신의 기차를 뒤로하고 무거운 배낭까지 짊어지고 달려가는 청년의 듬직한 뒷모습이 고스란히 눈에 들어온다. 고마운 청년의 왼편 앞쪽에 'A1'이라 쓰인 객차가 나타난다. 탑승 출입구에 배낭을 올려놓고 돌아선 청년의 해맑은 얼굴 옆으로 땀이 송골송골 맺혀 있다.

"우리가 해냈어요."

청년이 하얀 치아를 드러내고 웃으며 말했다. 나는 두 손을 모으고 말한다.

"너무너무 고맙습니다."

나는 바지 오른쪽 주머니를 뒤적이며 지폐를 꺼내 든다. 그런 나를 보던 청년이 손을 내저으며 말한다.

"좋은 여행 하세요."

청년은 지폐 몇 장이 들린 초라해진 내 손을 모른 척하며 돌아서서 왔던 길로 되돌아간다. 나는 청년의 땀에 젖은 뒷모습을 한참 동안 바라보았다.

객차 안으로 들어서니 승객들이 드문드문 자리를 잡고 있다. 티켓과 대조하며 찾아낸 내 자리 앞에는 젊은 부부와 초등생쯤 됐을 법한 아들과 딸이 앉아 있다. 가족 모두가 호기심 어린 눈으로 나를 바라본다.

"나마스떼."

아이들의 아빠가 좌석 밑으로 배낭을 밀어 넣는 내게 인사했다.

"나마스떼."

나의 인사말과 함께 기차가 사막 도시 자이살메르를 향해 출발한다.

도난당한 아그라

핑크빛 도시 자이푸르에서 출발한 버스가 유채꽃이 만발한 들판을 달린다. 야들야들한 초록으로 물든 유채밭에 노란 꽃잎이 흩뿌려졌다. 홑이불처럼 덮인 옅은 안개가 떠오르는 태양에 의해 서서히 녹아내린다. 밭 한가운데 높이 자란 나무에서 날아오른 까마귀 떼가 허공을 크게 맴돈다. 그 아래 앙상한 밭두렁에 검고 딱딱한 종아리를 드러낸 노인이 소를 몰며 걸어간다. 저 멀리에 덩그러니 뵈는 나지막한 하얀 집이 노인을 기다리는 듯하다.

나는 무릎 앞에 세워놓은 배낭의 지퍼를 열어 신문지로 싼 도시락을 꺼낸다. 허벅지에 올려놓은 도시락에는 따뜻한 온기가 아직 남아 있다. 묵었던 게스트하우스의 주방에서 일하는 아닐이 요리해서 싸준 도시락이다. 아닐은 가족을 위해 열두 살의 어린 나이에 집을 떠나 이곳 인도에서 돈벌이하는 네팔 소년이다.

어제저녁에 게스트하우스 주인장이 내게 잘 가라는 인사를 하면서,

떠나기 전 주방에서 도시락을 받아 가라고 했다. 새벽에 체크아웃하는 내가 무료로 제공되는 조식을 먹지 못하는 것에 대한 배려였다. 나는 오늘 새벽에 짐을 모두 꾸리고 난 후 도시락을 받기 위해 루프톱 레스토랑에 딸린 주방으로 갔다. 주방의 좁은 어둠 속 뜨거운 불 앞에서 커다란 프라이팬을 덜그럭덜그럭 힘겹게 들썩이며 밥을 볶던 요리사가 키 작은 소년 아닐이었다.

눅눅해진 신문지를 벗기니 은박지로 된 네모난 도시락이 아닐을 닮아 있었다. 힘들지만 돈을 벌어 집에 보낼 수 있어 감사하다던 반짝이는 눈동자의 앳된 아닐이 떠오른다. 뚜껑을 열자 송골송골 맺혔던 물방울이 밥 위로 뚝뚝 떨어진다. 버스가 긴 경적을 울리며 속도를 높인다.

인도의 장거리 버스는 시트의 형태에 따라 크게 세 종류로 구분된다. 좌석 시트로만 된 일반 버스, 침대 시트로만 된 슬리핑 버스, 그리고 좌석 시트 반 침대 시트 반으로 된 반반 버스로 나뉜다. 침대 시트라고 해 봐야 대게 두 명이 함께 눕기에는 부족한 좁은 폭과 길이로 된 그저 네모난 칸이다. 높이는 이층 구조로 되어 있어 낮지만, 앉아 있기에는 충분하다. 버스들은 대부분 노후화되어 외부와 내부 모두 수리해야 할 곳이 많아 보인다. 그렇지만 운행에 이상이 없다면 이들은 크게 개의치 않는다. 청소 및 위생 상태는 종종 바퀴벌레가 돌아다닐 만큼 심각하다. 지금 내가 타고 가는 버스는 통로를 중심으로 왼편은 침대칸, 오른편은 좌석 칸으로 나누어진 반반 버스다.

작은 마을을 지난 버스가 개울 건너의 둑을 달리는 기찻길에서 좀처럼 벗어나지 못한다. 개울 폭에 맞춰 멀어졌다가 가까워졌다만 할 뿐 한참을 나란히 달려가는 중이다. 나는 잠에 겨운 눈길을 조용해진 왼쪽 옆 침대칸으로 돌린다. 버스에 탈 때부터 엄지손가락을 쭉쭉 빨며 나를 유심히 바라보던 꼬마 아이가 궁금해서다. 침대칸 앞쪽 벽에 등을 대고 앉은 파란 사리를 두른 엄마와 그녀의 품을 파고든 아이가 곤히 잠들어 있다. 그 앞에 앉은 아이의 아빠가 신문을 넓게 펼쳐 들고 이곳저곳을 훑으며 읽을거리를 찾는다. 두 뼘쯤 열린 커튼 사이로 때마침 방향을 튼 햇빛이 들어와 두 모자의 얼굴에 닿는다. 편안해 보이는 아이의 표정은 그대로인데 엄마의 미간이 가늘게 찌푸려진다. 나는 카메라를 꺼내어 세 가족의 나른한 모습에 초점을 맞춘다. 셔터 소리에 아이의 아빠가 신문 밖으로 고개를 내밀어 나의 촬영을 알아챈다. 나는 카메라 위로 얼굴을 올려 그에게 가볍게 웃어 보인다. 그가 고개를 옆으로 까딱이며 나의 요청에 답한다. 이어지는 몇 번의 셔터 소리에 내 오른쪽 좌석에 앉은 테라가 잠에서 깬다. 이 버스에서 나를 제외하고 유일한 외국인인 테라는 잉글랜드에서 배낭여행을 온 20대 여성이다. 카메라 뒷면의 모니터로 찍은 사진을 확인하는 내게 테라가 대뜸 묻는다.

"촬영 허락을 받았니?"

대답을 머뭇거리는 내게 그녀는 또다시 다그치듯 묻는다.

"그녀에게 촬영 허락을 받았어?"

"어… 아니, 아직 그녀에게 허락받지 못했어."

"촬영하려면 허락을 먼저 받아야 하는 거 아냐?"

"그렇긴 한데… 사실, 인도 사람들이 사진 촬영에 대해 경계하지 않기에…. 오히려 사진 찍히는 것을 좋아해서 어떨 때는 허락을 받지 않고 촬영하고 있어."

"그건 옳지 않은 거라고 나는 생각해. 아무리 그래도 인물 사진을 찍을 때는 당사자에게 촬영에 대한 허락을 항상 받아야 하는 게 맞아."

타라는 입꼬리를 내려 조이며 내게 말했다. 전적으로 맞는 말이다. 사적인 장소나 상황에 대한 사진을 찍을 때 허가가 필요하다. 인물 사진 또한 그러하다. 그렇지만 뭔가 억울한 구석이 내겐 있다.

이 나라 저 나라를 여행하다 보면 사진에 민감해하는 사람들 또는 문화가 있다. 물론 그런 곳에서 사진을 찍을 때면 나는 촬영에 대한 허락을 성실히 받는다. 간혹 촬영에 후한 나라라 해도 예상하지 못한 제재가 있기도 했다. 탄자니아의 어떤 기차역에서 허가 없이 촬영했다며 역무원에게 카메라를 뺏겨 찍은 사진을 모두 삭제당했던 일이다. 기차역이 무슨 군사시설도 아닌데 그러냐고 따져 봤지만 소용없었다. 다행히 카메라는 돌려받았다. 그러나 사진 찍히기를 즐기는 문화가 있는 나라, 한 컷을 찍고 나면 너도나도 카메라 앞으로 모여드는 사람들이 사는 나라, 심지어 군인들까지도 단체 사진을 찍어 달라 요청하는 나라인 인도에서는 근접 인물 사진을 제외하고는 사전에 승인받지 않을 때가 많았다. 더구나 포착하고 싶은 찰나를 프레임에 영원히 가둬

주는 스냅사진은 허락의 시간을 기다려 주지 않기에…. 이러한 이유로 내가 사진을 좋아하는 만큼 인도를 좋아하게 된 것인지도 모르겠다.

테라와 나의 소곤거림은 결국 엄마와 아이의 곤한 잠을 허가 없이 깨웠다. 나는 기다렸다는 듯이 카메라 뒤 액정 화면을 켰다. 그리고 상체를 깊숙이 기울이고 팔을 뻗어 엄마와 아이에게 번갈아 가며 그들의 사진을 보여 주었다. 테라의 지적에 자극받은 알량한 자존심의 명령에 따른 무조건 반사적 반응이었다. 다행히 엄마와 아이는 사진을 보며 미소 짓는다. 그리고 내게도 친절하게 웃어 준다. 나는 그 미소를 그대로 흉내 내어 오른쪽으로 고개를 돌린다. 테라가 나의 비겁한 얼굴을 피해 창가로 눈길을 돌린다. 그녀의 아니꼬워하는 표정이 창 너머 스쳐 가는 컴컴한 옹벽에 어스름히 비친다.

서너 시간 뒤, 몇몇 사람들이 내리고 나지막한 고개 하나를 넘어갈 무렵이었다. 테라가 자신의 작은 배낭을 무릎에 올려놓고 다급한 손길로 뒤적거린다.

"테라! 무슨 일 있어?"

"카메라가 없어졌어."

"뭐? 카메라가 없어졌다고?"

"응, 배낭 안에 넣어 뒀던 카메라가 없어졌어."

아침에 유채밭을 지날 때 그녀의 손에 들려 있던 DSLR 카메라가 없어진 모양이다.

"배낭을 발아래 뒀는데 시트 아래 뒤쪽으로 밀려나 있더라고. 누군가 내 배낭에 손을 댄 것 같아."

그녀가 사색이 된 얼굴로 말했다. 나는 몸을 일으켜 뒷좌석을 확인했다. 뒷좌석은 비어 있었다. 그러고 보니 조금 전 뒷좌석의 남성이 다급하게 차를 세워 내린 것이 떠올랐다.

"아… 좀 전에 내린 뒷좌석 남자의 소행인 거 같아."

나는 한탄하며 말했다. 그리고 내 배낭을 확인한다. 덩치가 커서 좌석 아래 공간에 누여 놓지 못한 내 카메라 배낭은 여전히 가랑이 사이에 불편하게, 그렇지만 안전하게 세워져 있다. 테라가 묻는다.

"그 남자 인상착의 기억해?"

"확실하지 않지만 대충 알 것 같아. 우리 내려서 찾아볼까?"

잠시 생각하던 테라가 답한다.

"아니, 그 남자가 내린 지 10분도 더 지났고…. 벌써 도망갔겠지."

"여행자 보험은 들었지? 경찰서에 가서 분실물 확인서 떼자."

"아니야. 보험 안 들었어."

벌써 체념한 듯 테라가 말했다.

"여행 일정이 아직 많이 남았는데…. 사진도 못 찍고…. 어떻게 해."

안타까운 마음에 내가 말했다.

"핸드폰으로 찍어야지 뭐. 걱정해 줘서 고마워!"

테라가 떨리는 미소를 지으며 말했다. 그리고는 창가의 커튼을 가만히 젖히고 창밖을 하염없이 내다본다. 나는 그녀의 지적에 좀스럽게 반응했던 일이 떠올랐다. 그리고 그 날갯짓으로 인해 테라가 카메라

들기를 꺼리게 되면서 이번 도난 사건이 만들어졌을 수도 있겠다는 나비의 죄책감을 느낀다. 그녀가 측은하고 그녀에게 미안하다. 테라의 처진 어깨 너머 도로 가에는 어느샌가 많아진 상점들이 저마다의 화려한 간판을 이마에 그려 붙이고 잇따라 지나간다.

머리 위로 쏟아지는 햇빛을 피해 사람들이 야무나강이 좌우로 바투 내다뵈는 타지마할(궁전 형식의 대리석 무덤으로서 17세기에 무굴 제국의 황제 샤 자한이 자기 아내 뭄타즈 마할을 추모하기 위해 건립한 건축물) 뒤쪽의 그림자 속으로 모여든다. 남쪽 정문에 들어설 때부터 멀리서 눈부셨던 타지마할. 관광객들은 '챠 바그'라 불리는 사각형의 연못 정원을 지나는 동안에도 시리도록 하얀 그 빛에 온통 사로잡혔다. 그리고 가까이서 감탄으로 타지마할의 자태를 우러르다 불현듯 뜨거운 볕에 시달리고 있음을 깨닫고 그늘을 찾아 오글오글 숨어든 것이다. 게다가 야무나강에서 불어오는 시원한 강바람은 목덜미에 흐르는 땀의 열기를 식히기에 충분했다.

나는 이번 아그라, 아니 인도 여행에서 꼭 하고 싶은 일이 하나 있다. 그것은 바로 새벽녘 물안개가 피어나는 야무나강에 비친 타지마할을 한없이 바라보며 그 모습을 카메라에 담는 일이다. 인도의 상징인 타지마할에 입장권을 끊고 들어가 가까이서 구경하는 것도 좋지만, 고요한 강물에 비친 타지마할은 가슴 벅찬 경이로움일 것 같았다. 인터넷에 떠도는 타지마할의 사진을 보면 대부분 정면에서 찍은 것이다.

간혹 아들에 의해 유배된 샤 자한이 뭄타즈를 그리워하며 그랬듯이 이곳에서 2㎞ 떨어져 있는 아그라 요새에서 바라본 타지마할 사진이 드물게 보이기도 한다. 그렇게 여행 전 타지마할을 검색하다가 뒤쪽에 강이 하나 흐른다는 것을 알게 되었다. 그리고 내가 여행할 때 아그라의 날씨가 우리의 늦가을같이 일교차가 크다는 것도 알 수 있었다. 그래서 새벽에 물안개가 깔린 야무나강을 상상하게 되었고 거기에 비친 타지마할을 보고 또 찍는 것이 이번 인도 여행의 최대 목표로 설정된 것이다.

나는 카메라 배낭을 난간에 기대어 놓고 강바람을 맞는다. 타지마할의 축대 벽 아래에 잘 가꿔진 초록의 잔디밭이 깔렸다. 잔디밭 끝에는 투박한 철조망이 쳐졌고 그 너머로 야무나강이 궁전의 품에 쉬어가듯 천천히 흐른다. 히말라야산맥의 근교 야무노트리에서 발원한 후 남서쪽으로 흘러 델리를 지나 이곳에 당도한 것이다. 이제 강은 또다시 흘러 알라하바드에서 갠지스강을 만나 바라나시로 흘러갈 것이다. 강줄기를 거슬러 바라본 왼편 저 멀리에 아그라 요새가 붉게 서 있다. 빼꼼히 뚫린 요새의 창 중 하나에서 투영되는 아내를 향한 샤 자한의 하염없는 시선과 마주친다. 아그라 요새 옆을 흐르는 물결을 따라 내려온 내 눈길이 정면 강 건너에 머물자, 여행 내내 꼬리를 물었던 생각이 다시 떠오른다.

'이제 저 강을 건널 방법을 찾아야 해.'

아그라에 도착하기 전에도 나는 지도를 봐 가며 도하 방법을 고민했다. 타지마할에 들어와 관람하면서도 내일 새벽에는 기필코 강을 건너야 한다는 생각에 사로잡혀 그토록 아름다운 타지마할을 앞에 두고도 뒤쪽 강에만 신경이 온통 가 있었다.

'멀리 떨어진 철교를 걸어서 건널까? 아니면 더 멀리 떨어진 다리를 오토 릭샤로 건널까? 다리들이 그렇게 멀리 있다면 유량이 많지 않은 건기인 만큼 현지인들이 만들어 놓은 징검다리나 목조다리라도 이 주변에 있지 않을까?'

어느 하나도 쉬워 보이지 않는 도하 계획이라 생각하며 무심코 오른쪽 깊숙이 돌린 내 눈은 휘둥그레졌다. 철조망 끝 강가에 나룻배 하나가 걸려 있는 것이 아닌가! 바라던 생일 선물을 받은 어린아이처럼 들뜨고 기쁘다. 마치 그물에 갇혀 몸부림치던 물고기가 헐거워진 그물코를 가까스로 빠져나간 것같이 후련하면서도, 그것이 생사를 가른 한없이 무거운 순간이었다는 것도 복기하지 못할 만큼 철없이 마냥 기쁘기만 하다. 나는 옆에 있던 검은색 뿔테안경의 인도 청년에게 다짜고짜 묻는다.

"내가 저 나룻배를 타고 강을 건너갈 수 있을까요?"

"글쎄요. 잘 모르겠는데요."

청년이 답했다. 그리고 저 멀리 철조망 근처 작은 초소 앞에 나와 있던 총을 멘 군인에게 힌디어로 소리친다. 군인이 큰소리로 답한다. 그렇게 군인과 몇 마디 주고받은 청년이 내게 말한다.

"탈 수 있답니다."

"오! 정말요? 감사합니다."

나는 부리나케 배낭을 둘러메고 타지마할을 빠져나왔다. 그리고 다음 일정이었던 아그라 요새의 관람을 미룬 채 나룻배가 있는 곳까지 데려다줄 릭샤를 잡는다. 타지마할에서 내려다뵈는 나루터는 충분히 걸어갈 수 있는 거리였지만 길이 어떻게 나 있는지 알 수 없기에 릭샤를 타고 가기로 한 것이다. 영어가 익숙지 않은 릭샤 운전사들은 나의 목적지가 관광객에게는 일반적이지 않은 곳이어서 그런지 좀처럼 알아듣지 못한다. 네 번째 만난 운전사가 나의 간절한 손짓과 의성어가 섞인 설명을 알아챈다.

"오케이!"

노란 터번의 한쪽을 풀어 허리춤까지 길게 늘어트린 자전거 릭샤 운전사가 짧게 답했다. 나는 반갑게 묻는다.

"얼마인가요?"

타지마할의 첨탑을 향해 고개를 들고 눈을 껌뻑이던 운전사가 손가락 열 개를 펴 보이며 말한다.

"10루피."

그는 오른손 검지와 중지 사이에 끼웠던 짤막한 담배를 다시 입으로 가져가 질끈 문다. 코를 타고 오른 연기에 한쪽 눈을 찡그리며 운전사가 나의 대답을 기다린다.

"오케이!"

거리에 비해 비싸다는 생각보다 빨리 나루터에 가고 싶은 마음이

앞선 나는 흔쾌히 수락했다. 흥정 없이 성사된 거래에 놀라 멈칫한 운전사가 입을 쭉 빼서 담배를 바닥에 뱉는다. 그리고 뒷좌석의 먼지를 굳은살 박인 손으로 툭툭 비껴 쳐 떨어낸다.

"갑시다."

뒷좌석에 올라타며 내가 말했다. 왼쪽 핸들과 안장 뒤를 움켜쥔 운전사가 상체를 숙여 릭샤를 밀기 시작한다. 너덧 걸음을 뛰어가던 그가 왼쪽 페달에 몸을 싣고 안장에 올라타더니 다시 양쪽 페달 위에 몸을 싣고 번갈아 가며 페달을 깊게 깊게 밟는다. 안장에서 떨어진 깡마른 엉덩이가 좌우로 크게 실룩이며 오르내린다. 귓가에 실바람이 느껴질 때쯤 운전사는 그제야 안장에 걸터앉는다.

타지마할 동문을 지나자, 도로에 인적이 드물어졌다. 왼편의 높은 담장 아래 석공들이 커다란 암석을 네모난 블록으로 다듬고 있다. 파석기와 같은 장비 없이 커다란 정과 망치만으로 붉은 돌덩이를 쪼아댄다. 오른쪽으로 나타났던 숲이 점점 울창해진다. 석공들의 돌 깨는 소리가 아득해지면서 도로 옆 잡목 사이로 보리수나무 하나가 넓게 번져 올랐다. 나무 끝 가지들이 타지마할 담장을 넘보듯 가로질러 뻗쳤다. 보리수 옆으로 난 오솔길이 숲속으로 감기며 숨어든다. 이슬람 복장의 어린 청년 둘이 도란도란 그 길을 호젓이 걸어간다. 나뭇가지 사이로 새어든 햇빛이 하얀 무명천에 눈부시게 흐른다. 매끈한 그들의 모습이 마치 양초 두 개가 검은 심지를 맞대고 걸어가는 것 같이 보인다. 힌두교도가 대부분인 인도에서 쉽게 볼 수 없는 그들을 따라가고 싶었지만, 나는 솔깃한 미행을 다음번으로 미룬다.

릭샤 운전사 어깨너머 담장과 숲이 끝나는 곳에 푸른 강물이 언뜻 보인다. 나는 릭샤 밖으로 얼굴을 빼내 시원한 강바람을 맞는다. 릭샤 운전사가 뒤돌아 미소를 섞어 말한다.

"오케이?"

"오케이!"

내가 답하자, 운전사가 그대로 릭샤를 세운다. 강변까지 이어지는 길이 아직 남았음에도 불구하고 다음 손님을 태울 생각에 그의 마음이 바쁜가 보다.

"감사합니다."

인사말과 함께 내가 내민 요금을 낚아챈 운전사는 릭샤를 크게 돌려 회전시키며 원심력에 올라탄다. 이어 몸을 곧추세우더니 힘찬 페달질로 붉은 담벼락을 따라 멀리 뵈는 인파 속으로 되돌아간다.

불어 오는 강바람을 향해 조금 걸어가니 왼쪽 담장은 철조망으로, 오른쪽 숲은 넓은 공터로 바뀐다. 그리고 앞에 강이 흐른다. 내가 그토록 건너서 타지마할을 비춰 보려 했던 야무나강이다. 궁전 곁에 길게 누운 강을 거슬러 까마귀 떼가 날아간다. 대열을 이탈한 까마귀 몇 마리가 강 건너편으로 가는가 싶더니 돌연 타지마할 아래 철조망에 갇힌 잔디밭에 내려앉는다. 물가에 띄엄띄엄 간격을 두고 앉은 흰 두루미들은 마치 석고 조각상처럼 움직임이 없다. 그 옆으로 고운 물살을 일으키며 빨강, 하양, 파랑으로 만재흘수선을 칠한 나룻배가 다가온다. 배 위에는 장대를 든 사공과 자줏빛 사리를 두른 여인이 서 있다. 접안 시설이 따로 없어 사공은 장대를 이용해 작은 둔덕에 배를 댄다. 나는 배낭을 고쳐 메고 그곳으로 재빨리 걸어간다. 여인을 내려 준 사공이 둔덕에 박힌 말뚝에 뱃줄을 동여맨다.

"안녕하세요."

나의 인사에 사공은 순박하게 웃을 뿐 대답이 없다. 나는 이어 묻는다.

"내가 이 배를 탈 수 있나요?"

사공은 가만히 웃기만 한다. 영어를 알아듣지 못하는 것 같다.

"내일 새벽에 이 배를 타고 싶어요. 가능한가요?"

계속되는 나의 질문에 사공이 공터 쪽을 바라본다. 공터 끝에 연한 하늘색의 기다란 단층 건물이 보인다. 건물 앞 툇마루에 야구 모자를 쓴 남성이 앉아 우리를 바라보고 있다. 사공이 웃으며 수줍게 구부린 손가락으로 그를 가리킨다. 고개를 끄덕인 나는 남성이 있는 쪽으로 걸어간다.

"안녕하세요."

"안녕하세요."

남성이 모자의 챙을 잡아 올려 쓰며 인사했다. 그의 기름진 눈빛이 드러난다.

"당신이 배 주인인가요?"

"그렇습니다."

턱에 희끗희끗 돋아난 까칠한 수염을 손가락으로 음미하듯 문지르며 남성이 답했다.

"내일 새벽에 강을 건너고 싶어요. 가능한가요?"

"몇 시에?"

"6시."

"가능해요."

"얼마예요?"

그의 입꼬리가 올라간다. 순간 나는 그의 덫에 포획된 듯한 찜찜함을 느끼며 생각한다.

'내가 너무 급하게 달려들었나? 좀 더 여유를 갖고 흥정을 해야 했는데…'

그는 음흉한 미소로 내 눈을 지그시 바라보며 말한다.

"500루피."

500루피면 내가 묵고 있는 게스트하우스의 3일 치 방값보다 비싸다.

"뭐? 500루피? 너무 비싸네요."

나는 미간을 잔뜩 쪼이며 말했다. 그리고 최대한 어이없다는 표정을 지어 보이며 한 발짝 물러선다. 그렇지만 조금 전 릭샤 운전사와 흥정할 때와 마찬가지로 그에게서 차마 돌아서지는 못한다. 강 건너편으로 가기 위한 다른 방법이 있다면 릭샤를 전세하는 방법인데 그조차 쉽지 않아 보였다. 꼭두새벽에 멀리 떨어진 다리를 건너 지금 눈앞에 보이는 저곳으로 가기까지의 시간과 비용도 만만치 않을 것이다. 그리

고 그것이 가능한지도 미지수다.

'그래, 이 보트가 내게는 최선이다. 일단 후려쳐 보자.'

나는 생각했다. 그리고 남성에게 진중한 표정으로 가격을 제시한다.

"100루피, 오케이?"

"오케이!"

남성은 한 치의 망설임도 없이 답했다. 당황스럽다. 나의 제안대로 흥정이 성공했음에도 불구하고 나는 하나도 기쁘지 않다. 오히려 불편하고 후회스럽다.

'아… 10루피를 불렀어야 했나?'

나는 긴 한숨을 몰아내며 생각했다. 그러나 성사된 흥정은 되돌릴 수 없는 법.

"나는 허라고 합니다. 당신의 이름은?"

"마노즈입니다."

나는 선불을 요구하는 마노즈에게 100루피를 주면서 내일 약속 시간을 꼭 지켜 달라고 당부했다. 그리고 타지마할 쪽으로 걸음을 옮긴다. 사공이 두 명의 남성을 배에 태우고 강을 건너고 있다. 강가에 앉았던 그 많던 두루미들은 어디론가 가 버리고 까마귀들만 이리저리 몰려 다닌다.

새벽 5시 30분, 강 건너 왼편으로 멀리 뵈는 타지마할은 어둠을 뒤집어쓴 채 온통 새카맣다. 눈부셨던 자태는 주변의 지형과 차별 없이 검은 덩이로 한데 묶였다. 어깨 위로 걸린 눈썹 모양의 그믐달이 검푸른 동녘을 향해 지그시 눈을 감았다. 타지마할을 감싼 철조망에 엉겨붙은 몇 개의 백열등만이 일출을 기다리며 졸린 눈으로 보초를 설 뿐이다.

"여기서 기다려 주세요."

나는 꼭두새벽부터 먼 길을 돌아 스트레이치 다리를 건넌 후, 또 한참을 달려온 릭샤 운전사에게 말했다. 그리고 타지마할로 흘러가는 야무나강을 따라 난 좁고 희미한 둑길을 조심스럽게 걸어간다.

어제 새벽, 마노즈와 뱃사공은 약속 시간보다 1시간 늦게 나루터에 나타났다. 강을 건너기도 전에 일출은 시작되었고 나의 촬영 계획은 보기 좋게 틀어졌다. 미안하다며 웃던 마노즈가 야속했다. 더구나 나와 같이 배를 탄 현지인들이 뱃삯으로 1루피짜리 동전 두 개를 사공에게 건네는 것을 봤을 때는 울화가 치밀었다. 무려 50배의 요금을 선불로 챙기며 한 약속을 어기고 평소대로 출근한 마노즈. 그의 능글대던 얼굴은 나를 놀려먹으려 작정한 듯 촬영을 끝내고 돌아가는 배 위에서도 여전했다. 그렇게 일출을 놓쳐 아쉬웠던 나는 어제저녁 숙소 앞에 있던 오토 릭샤 한 대를 예약해 오늘 다시 이곳에 온 것이다.

어느덧 타지마할 위 하늘가가 벌겋게 달아올랐다. 높아진 그믐달이 그 언저리 어디쯤에서 맑게 빛난다. 달과 궁전이 벌려놓은 투명한 틈 사이로 날아가는 새들의 윤곽선이 그 아래 첨탑만큼이나 뚜렷하다. 여러 개의 둥그런 지붕과 뾰족한 탑들이 대각으로 엇갈려 겹치면서 타지마할은 세련되고 복잡한 미래 도시의 스카이라인을 그려낸다. 걸음 걸음마다 바뀌는 그 모습이 보는 위치와 각도에 따라 변신하는 홀로그램 같다. 이토록 경이로운 풍경의 반영을 담아낼 강물까지 가기 위해서는 내가 걷고 있는 강둑에서 내려가 넓은 모래벌판을 지나야 한다. 야무나강은 넓은 범람원을 뱀처럼 구불대며 좌우로 흘러 유로를 연장하는 자유곡류 하천이다. 타지마할은 커다란 곡류부의 바깥 부분인 공격사면에 자리하고 있다. 그래서 타지마할 쪽은 침식작용을 받아 수심이 깊다. 반면 건너편인 이곳은 퇴적작용에 의해 넓은 퇴적지가 형성되어 있다. 그런데 둑 아래 벌판의 초입을 어린아이 키만 한 갈대밭이 어둠과 함께 가로막고 있다. 나는 여명이 좀 더 밝아지기를 기다리기로 한다. 오른쪽 멀리 아그라 요새가 붉은 머리를 서서히 드러낸다.

갈대밭 너머 넓은 모래사장 오른편에 크고 작은 텃밭들이 어슴푸레 내려다뵌다. 강물에서 물안개가 아지랑이처럼 돋아난다. 스멀스멀 피어오르던 안개는 무게를 못 이기고 저보다 낮은 강가로 흘러든다. 그 양이 어제만큼 풍성하지 못해 못내 아쉬울 따름이다. 물안개가 길게 걸쳐진 넓은 밭에서 한 농부의 괭이질이 한창이다. 그의 밭에는 고깔 모양의 작은 지푸라기 움막이 이랑마다 나란히 세워져 있다. 조금 전까지만 해도 보이지 않던 모습이었다. 그리고 보니 타지마할도 언제부턴가 밝은 잿빛으로 변해 있었다. 나는 강둑에서 내려와 작은 랜턴에 의지하여 수풀을 헤치고 농부에게로 간다.

"안녕하세요."

나는 몇 컷의 촬영을 알아채지 못한 더벅머리 농부에게 인사했다. 그가 나를 흠칫 바라본다. 난데없는 외국인의 출현에 놀란 눈치다.

"나마스떼."

나는 한 번 더 인사했다. 뒤늦게 웃음을 머금은 농부가 턱을 내밀어 고개를 옆으로 짧게 흔든다. 그리고 들고 있던 괭이를 오른쪽으로 세워 자루 끝을 왼손으로 말아 쥐고 오른쪽 팔꿈치를 그 위에 올린 후 짝다리를 짚는다. 의아해하는 내게 농부는 사진 찍는 흉내를 내더니 다시 자세를 잡는다. 나는 몇 번의 셔터를 누른 후 그에게 카메라 뒤 액정 화면을 보여 준다. 농부가 빙그레 한 번 웃더니 얼굴을 다시 일그러트리며 곡괭이질을 이어간다.

"감사합니다."

나는 인사말을 남기고 타지마할을 향해 걸어간다. 물안개와 함께 담겼던 강의 어둠이 모두 걷혔다. 무채색이었던 하늘과 새들, 나무와 풀들, 그리고 왕비의 무덤과 내가 본연의 색으로 비로소 물들어 간다.

남색 터번을 쓴 청년이 물가에 쪼그려 앉아 턱을 괴고 흔들리는 타지마할의 반영을 보고 있다. 파란 강물에 누워 너울대는 하얀 궁전, 청아한 물소리와 새소리, 그리고 숨죽인 가슴을 크게 울리는 고요함. 꿈속에서나 볼 수 있을 것 같았던 환상적인 풍광들… 청년은 놀라웠던 어제와 같은 오늘을 감상하기 위해 이곳에 또 나온 듯하다. 분명 그에게는 충분한 일상이었을 이 공간, 이 아침일 텐데… 나는 청년의

감성을 혹여나 깨울까 싶어 멀찌감치 그를 돌아간다. 내가 그에게서 시선을 뗄 때쯤, 감상을 끝냈는지 청년은 턱을 괴었던 손을 내린다. 그리고 그 손을 바가지 모양으로 만들어 강물을 가랑이 사이로 퍼 나른다. 청년은 감상과 더불어 큰일을 보던 것이었다. 청년이 일어서니 허벅지 위에 말아 놓았던 도티(인도 남성들이 즐겨 입는 몸에 두르는 치마로서 넓은 천 한 장을 하체에 감은 다음 천의 한쪽 끝을 다리 사이로 감아올려 바지와 비슷한 모양새를 만든다)가 아래로 떨어지며 펼쳐진다. 그는 빠른 손놀림으로 도티를 착용한다. 나는 민망한 마주침을 피해 황급히 걸음을 옮긴다. 어쩌면 모든 여행자가 갈망하는 고귀하고 찬란한 아침이 그에게는 그저 조용하고 은밀한 뒷간일 따름이다. 물가를 따라 듬성듬성 또 다른 배출의 흔적들이 보인다.

일출은 끝났지만, 타지마할 동쪽 숲에 가린 해는 보이지 않는다. 숲보다 높은 타지마할만이 이른 햇볕을 쬐며 불그스레하게 변해 있다. 그 앞으로 마노즈의 배가 강을 미끄러지듯 건너온다. 배 위에 승객은 없다. 시내로 출근하는 사람들을 건너 주고 다시 승객들을 태우기 위해 이쪽으로 건너오는 것 같다. 사공과 마노즈가 타지마할의 첨탑처럼 배 한가운데 우뚝 서 있다. 둘의 모습이 긴 가로선의 강과 대치를 이루며 묘한 긴장감을 준다. 모래톱에 나룻배를 기우뚱하게 댄 마노즈가 내게 손짓한다. 그래도 반가운 마음에 나는 그에게로 간다.

"건너갈 거면 타요."

마노즈가 내게 말했다.

"또 100루피?"

나의 질문에 마노즈가 크게 웃으며 말한다.

"하하하! 무료로 태워 줄게요. 당신은 이미 평생 운임을 냈잖아요."

"정말? 그것참 반가운 얘기군요. 다음번에 가족과 같이 올 때도 무료 승선할 수 있겠죠?"

"그러세요. 당신 친구들도 이곳에 와서 당신 이름을 대면 공짜로 태워 줄게요."

"우와! 알겠습니다. 그런데 어쩌죠? 지금은 배를 못 탈 것 같네요. 전세한 릭샤가 나를 기다리고 있어서…"

잠시 머뭇거리던 마노즈가 말한다.

"그럼, 오후에 나루터로 와요. 내가 저기 숲속에 있는 무슬림 동네를 구경시켜 줄 테니."

마노즈가 타지마할 옆 숲을 가리키며 말했다. 사실 타지마할은 이슬람 건축물이다. 타지마할이 세워진 무굴 제국의 국교가 이슬람이었기 때문이다. 지금은 북부의 카슈미르 지방을 제외하고 힌두교도가 대부분인 인도에서 이슬람교도들은 소수에 지나지 않는다. 그 몇 안 되는 무슬림들이 이슬람 건축물의 대표라 할 수 있는 타지마할 옆 숲속, 아마도 그저께 내가 가기를 미뤘던 곳에 모여 살고 있다는 것이다. 호기심에 들뜬 목소리로 내가 묻는다.

"투어 비용은 얼마에요?"

"물론 무료죠. 어제 일도 미안하고 해서… 그 동네는 어떠한 관광객

에게도 알려지지 않은 숨겨진 곳이에요."

"와! 좋아요. 그럼, 오후에 나루터로 갈게요."

"기다릴게요."

팔짱을 낀 손을 빼서 흔들며 마노즈가 말했다. 옆에 선 사공이 마노즈를 따라 손을 흔든다. 그렇게 나는 마노즈와 두 번째 약속을 잡았다. 그리고 새벽부터 하염없이 나를 기다리고 있을 릭샤 운전사에게 돌아간다. 강 건너 타지마할이 곁을 지키는 푸른 숲을 바라보며 하얗게 빛나고 있다.

레지아가 사는 스리나가르

인도 지도를 가만히 볼라치면 그 모양이 마치 아이스크림콘 같다. 한여름 유원지에서 고깔 모양의 과자에 초콜릿 또는 바닐라 아이스크림을 기계로 짜 담아 파는 그런 아이스크림콘. 스리나가르가 위치한 곳은 아이스크림콘에서 맨 위쪽, 기계에서 마지막으로 빠져나온 아이스크림이 살짝 꼬여 올라간 꼭지 부분이다. 인도에서 위도가 가장 높은 호반의 도시 스리나가르는 해발 고도 또한 약 1,600m로 높아 연평균 최고기온이 30도를 넘지 않는다. 아스팔트가 푹푹 빠지는 갯벌처럼 녹아내리는 인도의 뜨거운 여름에 스리나가르는 마날리, 레 등과 함께 유명한 피서지로 꼽힌다. 게다가 푸른 산들에 둘러싸인 청명한 달호는 관광객에게 환상적인 경치를 안겨 준다. 맑고 잔잔한 수면에 비친 넓디넓은 하늘과 정처 없는 바람, 그 위로 구름과 새를 이고 오가는 꽃잎 같은 조각배들, 그리고 호숫가를 따라 그려진 스리나가르 사람들의 수채화를 닮은 삶… 이 모든 것들이 스리나가르의 가장 큰 호수인 달호가 주는 놀라운 선물이다.

저녁 무렵, 나는 수상 가옥들 곁으로 난 목조다리를 걸어 호수를 산책한다. 어제 이 길 위에서 만났던 사람들과 풍경, 그리고 그 끝에서 만났던 일몰이 내 발걸음을 또다시 이곳으로 이끈 것이다. 투박하게 이어지는 나무다리 오른편 수로에 백발노인이 노를 젓는 시카라(천으로 된 작은 지붕이 있는 보트)가 구름을 헤치며 흘러간다. 배 위 두 줄로 나란히 놓인 상자에 당근, 양파, 오이, 토마토, 양배추 등의 채소가 담겼다. 마치 물감을 곱게 담은 화가의 팔레트 같다. 그 빛깔의 조화가 예뻐 사진을 찍는 내게 어제 만난 두 청년이 인사한다.

"안녕하세요."

오늘도 둘은 어제와 같은 난간에 걸터앉았다. 건너편에서 빵을 파는 소년이 수줍은 미소로 인사를 대신한다. 내부를 온통 초록색으로 칠한 소년의 가게에 갓 구워낸 빵이 커다란 바구니에 구수한 냄새와 함께 빼곡히 담겼다. 이곳 스리나가르가 속해 있는 카슈미르주는 인도의 다른 지역들에 비해 무슬림이 다수를 차지한다. 그래서 스리나가르를 여행하다 보면 모스크뿐만 아니라 내외부에 이슬람을 상징하는 녹색으로 칠한 건물들을 많이 볼 수 있다. 나는 돌아오는 길에 내일 아침거리로 소년의 빵을 사야겠다고 다짐하며 계속 걸어간다.

나타난 갈림길에서 향긋한 내음이 불어오는 오른쪽 길로 들어선다. 길옆 작은 텃밭에 노란 프리지어가 가득 피어 있다. 네 귀퉁이에 나무 말뚝을 박은 후 그 끝을 연두색 실로 연결해 담장을 만든 소박한 꽃

밭이다. 프리지어 꽃향기가 아련해질 무렵, 파란 잔디밭에 자리를 편 아낙이 빨갛게 말린 고추를 수북이 쌓아 놓고 다듬는다.

"나마스떼."

나의 인사에 분홍색 사리를 두른 여인은 푸근한 웃음으로 답한 후, 말없이 고추 하나를 집어 들어 꼭지를 뗀다. 그리고 엄지와 검지로 반질거리는 고추를 조심스레 비빈다. 그러자 꼭지가 떨어져 나간 자리에 생긴 빨간 구멍으로 금화 같은 씨들이 호로록 떨어진다. 속을 비워낸 고추는 도톰하고 하얀 아낙의 손끝에서 옆에 놓인 작은 소쿠리로 담긴다. 여인의 잔디밭 가장자리에 수선화가 줄 맞춰 활짝 피었다. 풀을 먹인 듯 퍼진 여섯 개의 하얀 꽃잎 가운데에 노랗게 웅크려 수술을 보듬은 속꽃잎이 탐스럽다.

"삐악삐악…"

왼쪽으로 난 수로 옆 목조다리에서 병아리 소리가 들린다. 가까이 가 보니 줄무늬 셔츠의 남성이 연두, 분홍, 노랑, 파랑 등의 이런저런 형광물감으로 염색된 병아리를 팔고 있다. 수로 건너편 집에 사는 아이들이 조각배를 타고 모여든다. 아이들은 종이 상자 속에 갇힌 병아리를 구경하며 즐거운 듯 끊임없이 깔깔댄다. 몇몇은 장사꾼에게 돈을 건네고 신중히 고른 병아리를 두 손 모아 받아 간다. 어떤 아이는 밀알 한 줌을 가져와 병아리들에게 먹여 준다. 나는 아이들의 해맑은 모습에 전염되어 걸음을 멈추고 헤벌쭉거린다. 얼마 지나지 않아 장사꾼은 아이들에게 선택받지 못한 병아리들을 단추만 한 숨구멍이 뚫린 종이 상자에 담아 떠났다. 나는 저녁 햇살만이 남은 난간 없는 허름한 다리에 털썩 앉는다. 그리고 집으로 배를 타고 돌아가는 아이들의 뒷모습을 바라보며 아직 삼키지 못한 웃음을 흘린다.

건너편에서 푸른 원피스를 입은 소녀가 힘차게 노를 저어 온다. 별생각 없이 그 모습을 드문드문 바라보는 나와 달리 소녀는 내게 집중한다. 나와 눈이 마주치면 환하게 웃어 준 후 다시 인상을 찡그리며 노를 젓는다. 내 발아래로 다가온 소녀는 노를 내려놓고 다리 기둥을 잡는다. 그리고 환하게 웃으며 자기 배를 타라는 손짓을 한다. 소녀의 낡은 배 안에는 물이 차 있었다. 배에 오르기를 주저하는 내게 소녀는 연거푸 바쁜 손짓을 한다. 수로 건너편에선 소녀의 가족들이 손을 흔들어 나를 초대한다. 잠깐의 망설임 끝에 나는 용기를 내 배 위로 발을 내디딘다. 조각배가 좌우로 크게 뒤뚱거린다. 나는 외마디 괴성과 함께 다리 위로 잽싸게 뒷걸음쳤다. 소녀가 크게 웃으며 기둥을 잡은 손에 힘을 주어 출렁이는 배를 달랜다. 나는 다시 조심스럽게 배에 올라탄다. 그리고 몸을 낮춰 배 중간에 있는 갑판으로 이동하여 소녀 앞에 앉는다.

"이름이 뭐예요?"

"레지아."

나의 물음에 수줍게 웃으며 답한 레지아가 집을 향해 돌아앉아 노를 젓기 시작한다. 파란 소매 아래로 드러난 아이의 팔목이 노의 자루만큼이나 가늘다. 레지아는 한쪽에서 세 번의 노질을 한 후, 두 팔을 크게 들어 반대쪽으로 노를 옮긴다. 그럴 때마다 레지아는 고개를 돌려 크고 동그란 눈으로 나를 확인한다. 때로는 웃으며, 때로는 인상을 쓴 채로…. 배 바닥에 차 있는 물속으로 슬리퍼를 신은 발이 잠긴다. 앉아 있는 갑판도 젖어 있었던지 엉덩이가 축축해짐을 느낀다. 그러나 마음만은 보송하고 쾌적하다.

레지아가 물이 찰랑이는 집 앞뜰에 배를 대자 기다렸던 가족들이 나를 반갑게 맞는다. 나는 배에서 내리며 그들에게 말한다.

"안녕하세요. 저는 허입니다. 초대해 주셔서 감사합니다."

"안녕하세요."

하얀 이슬람 뜨개 모자를 쓴 노인이 인사했다. 다른 이들은 조용히 웃기만 한다. 손사래를 치며 마다하는 나를 레지아는 파란 현관문을 열어 집 안으로 안내한다. 흰 두건을 쓴 여인이 문 옆에 놓인 널따란 쇠그릇을 들어 나에게 보여 준다. 그릇에는 다듬다 만 작은 물고기들이 누워 있다. 몇 마리는 아가미를 뻐끔대며 마지막 가쁜 숨을 내쉰다.

"오! 물고기, 물고기."

내가 놀라운 듯 말했다. 그러자 여인이 내 말을 그대로 따라 한다.

"물고기, 물고기."

그리고 손으로 입을 가리며 웃는다. 나는 카메라를 들어 물고기 사진을 찍고 현관문 안으로 들어선다. 레지아가 작은 거실을 지나 오른쪽 방문을 열고서 나를 기다린다. 벽과 천장이 초록색으로 칠해진 방에는 키 작은 세간살이들이 비치되어 있다. 구석에 있는 서랍장 위에

가지런히 접은 이불이 쌓여 있다. 그 옆 작은 탁자 위에 구형 텔레비전이 올려져 있다. 바닥에 깔린 기하무늬의 카펫이 포근하다. 레지아가 휘둘러 살피는 나를 어둑한 방에 혼자 남겨 놓고 나간다. 레지아를 따라 나가야 하나 망설일 무렵 뜨개 모자를 쓴 노인과 턱수염을 기른 남성이 들어와 앉는다. 나도 그들 앞에 앉으며 노인에게 묻는다.

"당신은 레지아의 할아버지인가요?"

"네."

레지아의 할아버지가 대답했다. 나는 옆의 남성을 가리키며 묻는다.

"당신은 레지아의 아버지군요?"

나의 질문에 할아버지가 먼저 대답한다.

"삼촌, 삼촌."

뒤를 따라 쪼르륵 들어온 두 명의 여자아이가 할아버지와 삼촌의 품에 각각 안긴다. 삼촌 품에 안긴 아이의 모은 두 손에 노랗게 칠한 병아리가 들렸다. 할아버지가 아이들을 소개한다.

"레지아의 사촌, 사촌."

"그럼, 당신의 자식들인가요?"

내가 삼촌에게 물었다. 그렇지만 삼촌은 영어가 익숙하지 않은지 답하지 못한다.

"아니요."

이번에도 할아버지가 삼촌을 대신해서 짧게 대답했다. 삼촌이 뒤늦게 대답한다.

"아니요. 삼촌."

"아! 그렇군요."

나는 서로가 부담스러울 것 같은 다음 질문을 미루고 아이들에게 손을 흔들면서 인사한다.

"안녕!"

할아버지 품에 안긴 아이가 고사리 같은 손을 흔든다. 삼촌 품에 안긴 아이는 쑥스러운 듯 내 눈길을 피하며 병아리를 바닥에 내려놓는다. 어색한 우리 사이를 병아리가 바삐 오가며 지저귄다.

"삐악삐악…"

앙증스러운 그 모습에 모두 한바탕 웃는다. 그렇게 시작된 웃음은 과한 표정과 몸짓으로 이어지는 대화에서도 끊이지 않는다. 잠시 후, 레지아가 방문을 열고 들어와 큰 쟁반을 내려놓는다. 쟁반에는 세 개의 컵과 빵 세 개를 담은 접시 하나가 올려져 있다. 레지아가 밝게 웃으며 컵 하나를 들어 나에게 내민다. 짭짤한 카슈미르 식 밀크티가 목을 타고 따뜻하게 넘어간다.

작은 시내버스는 카슈미르 대학교 교문 건너편에 나를 내려 주었다. 버스 정거장 옆에 꽃송이 같은 과일가게가 길을 건너려는 나의 발길을 잡는다. 가게는 원두막 모양의 나무집이다. 높은 바닥에 레몬, 망고, 사과들이 진열되었고 거리를 향해 경사진 뒷벽에 오렌지, 복숭아, 석류 상자들이 꽃잎처럼 둘렸다. 천장 줄에 매달린 노란 바나나 송이들

이 모빌처럼 드리워져 나풀나풀 나비가 된다. 그 한가운데 꽃무늬 타키야(챙이 없는 원통형의 이슬람 모자)를 쓴 노인이 수술대처럼 서서 내 카메라를 바라본다. 나는 풋사과 한 봉지를 사 들고 길을 건너 교문으로 향한다.

흰 블록으로 쌓아 올린 연꽃 모양 아치의 교문에 'Maulana Rumi Gate'라고 검게 쓰였다. 마울라나 루미(1207~1273)는 **당신은 바다의 한 방울이 아니라 한 방울의 바다입니다**'라는 명언을 남긴 이슬람 지도자이다. 학교는 그의 이름을 교문에 내걸어 설립의 이념과 정체성을 방문자에게 알린다. 나는 아치와 석등 모양의 기둥 사이로 난 인도를 통해 카슈미르 대학교로 들어간다.

내리쬐는 햇빛을 피하려는 듯 많은 학생이 바삐 걸어간다. 나는 여행자의 게으른 걸음으로 그들의 뒤에 처진다. 다양한 복장의 남학생들과 달리 여학생들은 대부분 하얀 히잡을 쓰고 있다. 마주치는 학생마다 밝게 웃으며 이방인의 인사에 응답한다. 캠퍼스 안으로 곧게 뻗은 길 왼쪽에 흙먼지가 폴폴 나는 축구장이 보인다. 이 타는 듯한 뙤약볕 아래 경기가 벌어지고 있다. 축구는 내가 가장 좋아하는 스포츠이다. 다시 태어난다면 축구 선수로 살아보고 싶을 만큼 축구가 좋다. 나도 모르게 발걸음은 벌써 축구장으로 향하고 있다.

축구는 여느 구기 종목에 비해 가장 단순한 규칙을 가지고 있다. 그리고 신체 부위 중 가장 둔한 발을 주로 사용하는 운동이다. 즉, 정교하다거나 예민하다고 할 수 없는 경기다. 그래서 다른 종목보다 이번이 자주 발생한다. 약자와 강자라는 지칭은 그저 데이터일 뿐, 막상 경기가 벌어지면 그 누구도 결과를 장담하지 못한다. 이러한 불확실성에 대한 기대와 우려 때문에 강팀과 약팀 모두는 승리를 향해 최선을 다한다. 선수들의 플레이는 경기 내내 긴장되고 응원단은 모든 상황에 흥분한다. 비록 동네에서 벌어지는 경기라 할지라도 그 열기와 몰입은 대단하다.

경기를 관전하다 보면 축구는 중세 시대의 전투를 연상시킨다. 중세의 전사들이 무기와 갑옷으로 무장하여 싸움터로 나가듯 축구 선수들은 가꿔 온 기량과 준비한 체력으로 필드에 오른다. 네모반듯한 피치로 들어서는 선수와 그 모습을 지켜보는 관중들은 치열한 전투를 앞둔 투사로 빙의한다. 손발은 압박감에 경직되고 심장은 터질 듯이 요동친다. 국가대표 경기의 경우 서로의 국가가 울릴 때면 그들의 감정은 최고조로 치닫는다. 엄숙한 의식이 끝난 후 각자의 진영에서 머리를 맞대고 둥글게 스크럼을 짠 선수들의 어깨 위에서 중압감은 이젠 찾을 수 없다. 마주한 동료의 이글대는 눈빛 속에는 시퍼런 창칼들이 하늘 높이 불타오른다.

전투의 시작을 알리는 킥오프의 휘슬이 울리면 스타디움은 거친 함성과 큰 박수로 빈틈없이 들어찬다. 철과 철이 부딪히던 소리는 공을 차는 소리로, 전술의 나팔 소리는 응원단의 북소리로 대치되어 하늘 높이 울려 퍼진다. 상대를 맥없이 고꾸라트리는 화려한 드리블과 푸른 대지를 가로지르는 수려한 패스가 난무한다. 낚아챈 공을 발끝에 달고 적진 깊숙이 질주하는 공격수는 중세 시대의 기마병과 같다. 선수의 빠른 속도와 기민한 움직임은 말 탄 기사의 날카로운 돌격과 유사하다. 그러나 수비수들은 마치 장수를 둘러싼 수호대처럼 끊임없이 상대의 공격을 막아내며 골문을 지켜낸다. 그리고 코치와 선수들은 흐트러진 대형을 재정비하고 새로운 전략과 개인 전술을 통해 중원을 제압하며 앞으로 나아간다. 그렇게 다다른 페널티 라인에서 절묘한 패스로 적의 단단했던 빗장이 벗겨진다. 그리고 이어지는 공격 과정의 마지막인 슈팅, 그것은 명궁수의 시위를 떠난 묵직한 화살이다. 경기장의 모든 시선이 비수의 궤적에 갇혀 숨죽인다. 이윽고 골대를 통과한 축구공이 골망을 철썩인다. 견디기 힘든 절정을 격발하는 명중의 순간, 마침내 골이다. 상대의 골문 안에는 목이 날아간 적장의 머리통 같은 공이 데굴데굴 나뒹군다. 선수들과 응원단의 가슴 벅찬 포효와 통쾌한 울부짖음이 경기장 가득 폭발한다. 그리고 모두가 얼싸안고 하나가 된다. 이젠 너와 나의 구분은 없다. 종족의 경계도 없다. 이 순간에는 어떠한 색의 구별도 없다. 오롯이 우리 동네, 우리나라, 우리 공동체다.

경기 종료 후, 승리한 팀은 기쁨과 자랑스러움으로 충만하고 패배한 팀은 상실감과 아쉬움이 빈 가슴을 채운다. 그러나 모든 선수와 응원단은 치열했던 전투를 통해 우리 안에 솟구치는 용기를 봤고 충만한 동료애를 느꼈으며 서로가 하나였음을 가슴 깊이 간직한다. 또한 그러한 경험은 공동체를 더욱 끈끈하게 조직하고 단단하게 구축한다.

단순한 스포츠 이상의 의미를 지니는 축구는 시대와 세대, 국경과 종교를 아우르기도 한다. 축구를 통해 문화가 연결되고 사회 통합이 이루어지며 보편적 가치가 전달되고 이념의 벽을 낮추는 등 사회적으로 긍정적인 역할을 한다. 이러한 이유로 축구는 전 세계에서 폭넓게 지지받고 사랑받는 스포츠로 자리 잡고 있다.

나는 사이드라인 가까이에 앉아 관전하는 학생들 뒤에 선다. 그리고 눈부신 하늘 아래 뛰노는 젊음을 촬영한다. 한 남학생이 다가와 내게 인사한다.

"어디에서 왔어요?"

"남한에서 왔어요. 당신은?"

"하하하, 북한에서요."

나의 짓궂은 질문에 남학생이 웃음으로 받아친다.

"무슨 경기예요?"

"대학교 총장 배 축구 경기의 준결승전입니다."

"그렇군요."

"빨간 팀은 토목학과이고 파란 팀은 경영학과입니다."

남학생이 답했다. 파라솔 아래에서 우리의 대화를 지켜보던 중년의 남자가 다가오며 말한다.

이쪽으로 와요."

남성은 나를 중앙선 옆에 심판들이 앉아 있는 파라솔로 안내한다. 형광 연두색의 셔츠를 맞춰 입은 심판 셋이 고개를 돌려 나를 반긴다.

한 심판이 내게 빈 의자를 두드리며 권한다. 난데없는 여행자에게 이들은 귀빈석을 내주며 극진하다.

치열한 경기는 전반과 후반에 서로 한 골씩 주고받으며 1:1 무승부로 끝났다. 토너먼트인 만큼 승패를 가려야 한다. 두 팀은 연장전 없이 승부차기로 들어간다. 옆에 앉은 심판들이 사진 촬영을 하라며 운동장 안으로 나를 들여보낸다. 주심의 지시에 따라 공을 내려놓고 도움닫기를 위해 뒤로 물러서는 선수들의 표정이 하나같이 굳어 있다. 센터서클에서 지켜보는 선수들과 사이드라인을 겨우겨우 지키며 응원하는 학우들도 마찬가지다. 운동장에 감도는 긴장감이 거의 챔피언스리그 결승전 PK 같다. 골포스트를 벗어나고 크로스바를 넘어가는 어이없는 실축들이 속출한다. 골이 들어가면 키커의 팀이, 골이 안 들어가면 골키퍼의 팀이 환호한다. 역전과 재역전을 거듭한 끝에 결국 토목학과가 결승에 오른다. 승리의 기쁨과 패배의 아쉬움을 나누어 가진 두 팀 선수에게 나는 VIP답게 격려와 위로의 말을 전했다.

또 다른 준결승전을 위해 기다리던 팀의 선수들이 코치 앞으로 모인다. 작전 지시를 듣는 선수들의 얼굴에 긴장한 기색이 역력하다. 나는 다음 일정인 제로 브리지(스리나가르에서 가장 오래된 목조다리) 방문을 위해 아쉬움을 뒤로하고 축구장을 떠난다.

느린 오후의 호수 산책길. 나는 형광 병아리들이 팔리던 다리 쪽 길을 선택한다. 사흘 전에 만난 레지아 가족을 떠나기 전에 한 번 더 보고 싶었기 때문이다. 다리 위에 병아리 장사꾼은 없었다. 그를 대신해 기름진 털을 두른 검둥이 두 마리가 어깨를 출렁이며 터벅터벅 걸어온다. 번들거리는 가슴과 시뻘겋게 치켜뜬 눈이 위협적이다. 앞쪽에 선 놈이 쪼그라든 내 마음을 읽었는지 송곳니를 드러내며 으르렁댄다. 뒤따르던 놈도 가세한다. 인도에서 낮에 만난 개들은 늘 축 처져 있었다. 그런데 이놈들은 으슥한 밤거리에서 만난 개 떼들처럼 공격적이다. 바라나시 골목길에서 나를 위협하는 개를 지나가던 노인이 돌을 집어 던지는 헛몸짓과 고함으로 쫓아준 일이 생각났다. 나는 그 노인처럼 저 검둥이 두 마리에게 반격을 시도할까 생각했지만, 오히려 그런 행동이 저놈들을 더 자극할까 두려워 망설인다. 내 앞에서 멈춰 서서 짖어대는 두 놈의 꼬리가 바짝 섰다. 나를 그냥 지나칠 생각이 없는 것 같다. 다리 폭이 좁아 검둥이들에게 길을 터 주려면 내가 다리 밑으로 뛰어들어야 한다. 시커먼 두 놈에게 밀려, 내 발바닥이 다리 끝 모서리에 반쯤 걸쳐졌을 때다.

"두르 짜오(저리 가)."

철썩대는 물소리와 함께 들린 외침이다. 움찔 놀란 검둥이들이 곧추세웠던 꼬리를 내리고 내 옆을 비켜 간다. 나는 수로 쪽으로 고개를 돌렸다. 주황색 티셔츠를 입은 소년이 조각배에 서서 넓적한 노 끝으로 수면을 사정없이 내리치고 있다. 그의 앞에는 얼굴 가득 귀여운 미소가 만연한 레지아가 서 있다. 머리에는 하얀 히잡을 쓰고 있다.

"오! 레지아."

"안녕, 허."

레지아가 안고 있던 책보에서 오른손을 빼 흔들며 인사했다.

"오빠?"

소년을 가리키며 내가 물었다.

"네."

레지아의 대답에 소년이 밝게 웃는다. 지난번에 레지아 할아버지가 레지아에게 오빠가 하나 있다고 알려 주었다. 그때 나는 친구들과 놀러 나간 그를 만나지 못했었다.

"만나서 반가워요. 그리고 정말 고마워요."

나는 인사에 개를 쫓아준 고마움을 곁들였다. 레지아의 오빠가 다리 아래 작은 풀밭에 배를 댄다. 나는 왔던 길을 돌아 다리 아래로 내려간다. 레지아가 풀밭 위로 폴짝 뛰어내린다.

"공부하러 가?"

나는 글을 쓰는 몸짓을 하며 레지아에게 물었다.

"네."

레지아가 책보를 다시 보듬으며 대답했다. 아마도 근처 이슬람 사원의 코란 공부방에 가는 길인 듯했다.

"잘 다녀와요."

"네."

어깨를 으쓱이며 대답한 레지아가 오빠와 힌디어로 몇 마디 나눈다.

그리고 다리 위로 올라가 검둥이들이 왔던 길을 거슬러 걸어간다. 레지아의 오빠가 배에 타라는 손짓을 한다. 나는 같은 손짓으로 소년에게 확인한다.

"나 타라고?"

레지아의 오빠가 고개를 끄덕인다. 망설임 없이 배에 오르며 내가 묻는다.

"이름이 뭐예요?"

"아눕."

아눕이 서서 노를 저으며 대답했다. 나는 저번과 같은 자리에 앉았다. 이후 아눕은 또 다른 친구의 시카라와 함께 마을과 수경재배 밭을 잇는 수로들을 돌며 나를 유람시켜 주었다.

제2부

멕시코

M E X I C O

눈물의 과나후아토

여행자 버스는 수도 멕시코시티에서 다섯 시간여를 달려 과나후아토 버스 터미널에 도착했다. 그런데 타고 온 버스의 사이드미러가 나를 미소짓게 한다. 버스 지붕 위에서 아래로 두껍고 길게 늘어트린 그 모습이 추억의 애니메이션 '이상한 나라의 폴'에 등장하는 강아지 삐삐의 너풀거리는 귀를 닮았기 때문이다. 삐삐의 귀는 날개가 되어 주인공 폴의 일행을 등에 태우고 하늘을 날아다니기도 한다. 버스 색깔도 삐삐의 누런 얼굴색이다. 나는 버스를 타고 오는 동안에도 목적지가 과나후아토가 아닌, 폴이 여자 친구 니나를 찾아 떠나던 4차원 세계일지도 모른다는 싱거운 공상을 했다. 물론 버스는 4차원 세계가 아닌, 크레파스로 그려 낸 것 같은 예쁜 마을 과나후아토에 나를 내려 줬다.

도심지에서 멀리 떨어진 곳에 있는 버스 터미널은 한산했다. 나와 같이 버스에서 내린 십여 명의 승객들만이 대합실을 활보하며 지나갈 뿐이다. 터미널 앞 시내버스 승차장으로 향하는 사람들 틈에서 빠져 나온 나는 주차장 옆 벤치에 배낭을 내려놓고 앉아 핸드폰의 차량 공유 서비스 앱을 켜서 차량을 호출한다. 큰 도시가 아니어선지 좀처럼 연결이 되지 않는다. 힘겹게 연결된 자동차는 내게로 달려오지 않고 같은 자리에서 뱅글뱅글 도는 아이콘만 보여 준다. 진작에 사람들을 태우고 떠난 시내버스로 인해 터미널 주변 도로는 적막하기까지 하다.

터미널 주차장 입구를 지키고 선 나무에 초록이 무성하다. 그런데 길게 늘어진 나뭇가지 바로 아래로 검은 나비 한 마리가 바쁜 날갯짓 을 하며 같은 자리를 줄곧 맴돈다. 주변에 꽃은 피어있지 않았다. 오지 랖 넓게도 나는 떠나지 못하고 애쓰는 나비가 왠지 서글프게 느껴졌 다. 집착의 대상을 확인하고 싶어져 가까이 다가가니 나비가 아니었 다. 작은 나뭇잎이다. 가느다란 거미줄에 포획된 나뭇잎이 실바람에도 맥을 못 추고 파르르 떨며 정신없이 돌아간다. 나는 구속의 올가미를 끊어 주고 싶었지만, 손이 닿지 않아 벤치로 돌아선다.

핸드폰 화면에서 제자리를 맴돌던 자동차 아이콘이 자취를 감췄다. 터미널 앞에 한두 대 보이던 택시도 어느샌가 사라졌다. 예약한 숙소 가 시내버스 정류장이 있는 중심가에서 한참을 올라간 언덕에 있기에 차량 공유 서비스를 이용하려 했던 것이었다. 나는 차량 호출을 포기 하고 '배낭여행엔 역시 버스가 제격이지!'라고 위안 삼으며 텅 빈 시내 버스 승차장으로 향한다.

한참을 정류장에 앉아 있었지만, 버스는 오지 않았다. 나는 배차간격을 문의하기 위해 터미널 안으로 들어간다. 매표소 창구에 앉아 있던 직원들이 문을 열고 들어오는 나를 일제히 바라본다. 나는 가장 가까운 창구 쪽으로 다가간다. 그리고 낮은 투명 창 너머로 문의한다.

"과나후아토 시내로 들어가는 버스가 언제 오나요?"

나의 질문에 여직원은 옆 창구 직원을 향해 수줍게 웃으며 스페인어로 뭐라고 얘기한다. 주변의 직원들이 다 같이 웃는다. 웃음의 이유를 몰라 당황해하는 내게 머리를 짧게 묶어 올린 여직원이 뒤쪽에서 다가와 상냥하게 묻는다.

"뭘 도와드릴까요?"

나는 되묻는다.

"과나후아토 시내로 들어가는 버스가 언제 오나요?"

"한 시간 후에 옵니다."

그녀가 벽시계를 보며 대답했다. 나는 그녀에게 인사하고 터미널 출입구를 향해 걸어간다. 뒤에서 여직원들의 웃음 섞인 웅성거림이 들린다. 갑작스러운 동양인 여행자의 출연과 언어의 궁색함이 섞여 그녀들에게 즐거운 수닷거리를 제공한 모양이다.

"저기요."

뒤돌아보니 머리를 묶은 직원이 나를 부른다.

"시내로 들어가는 차가 있는데 타고 가시겠어요?"

"정말이요?"

"네."

"그거 좋네요. 감사합니다."

나는 반갑게 대답했다.

"잠깐만 기다리세요."

그녀가 내게 손을 들며 말했다. 그리고 창구 뒤 사무실로 들어간다. 처음 말을 걸었던 직원이 내 눈길을 미소로 피한다. 잠시 후 사무실에서 머리를 묶은 직원이 멋진 턱수염의 청년과 같이 나온다. 청년이 내게 손을 내밀며 인사한다.

"올라, 전 오르테가입니다."

"올라, 전 허입니다."

"갑시다."

나는 오르테가를 따라나서며 뒤에서 지켜보는 창구 직원들에게 꾸벅꾸벅 인사했다.

터미널 앞에 정차돼 있던 흰색 소형차가 오르테가의 차였다. 나는 작은 트렁크에 배낭을 싣고 차에 올랐다. 오르테가는 터미널의 시설 관련 협력업체 직원이라며 자신을 소개했다.

"태워 줘서 고맙습니다."

"천만에요. 어차피 시내로 가는 길인데요. 숙소 이름이 뭐예요?"

나는 오르테가에게 핸드폰 화면을 보여 준다. 그가 숙소의 주소를 확인하고 시동을 건다.

배낭여행을 떠나오면 현지인들의 따뜻한 배려와 도움을 많이 받는다. 내 배낭을 짊어지고 뛰어가 놓칠 뻔한 기차를 잡아 준 청년이 그러했고, 밤길에 만난 으르렁대는 개떼를 소리쳐 쫓아준 후 호신용으로 쓰라며 자신의 지팡이를 건네준 노인이 그러했으며, 우연히 만난 나를 쪽배에 태워 자기 집으로 초대해 차를 내주던 소녀와 가족이 그러했다. 참 고맙고 그리운 인연들이다. 단체 관광객과 달리 홀로 배낭을 메고 일상에 불쑥 나타난 여행자는 현지인들에게 경계의 대상이 되지 않는다. 안쓰러움이 배인 응원과 잘 돌아가기를 바라는 애틋함을 담은 격려를 보낼 따름이다. 어쩌면 사람들은 여행자에게서 객지로 떠난 가족을 떠올리기도 하고 떠나온 자신을 발견하는지도 모른다. 낯선 여행지에서 경험한 현지인들의 따뜻한 마음은 외로운 여행자에게 잊지 못할 이야기로 기록되어 다음 여행을 꿈꾸게 하는 이유가 되기도 한다.

오르테가의 차가 산길을 굽이굽이 넘자, 과나후아토의 발치가 산 아래로 조금씩 드러난다. 멕시코의 고유 명절인 '망자의 날'을 소재로 제작된 애니메이션 영화 '코코'는 바로 저 도시를 배경으로 한다. 그만큼 과나후아토는 멕시코의 색채를 고스란히 담고 있는 아름답고 낭만적인 소도시이다. 과연 과나후아토는 실제 어떤 모습일까? 방향을 유지하고 조금 더 달려가면 마을 전체가 보일 것 같아 나는 차창 밖으로 목을 빼고 기다린다. 그런데 야속하게도 오르테가가 핸들을 왼쪽으로 확 꺾는다. 살짝 보이던 마을은 엄마의 치마폭으로 숨어드는 아이처럼 산자락 속으로 자취를 감춘다. 자동차는 산허리를 돌아 내리막길로 접어든다. 도로 가에는 차츰 행인과 건물이 나타나기 시작한다. 잠시 후 오르테가의 차가 움푹 파인 지하 터널로 진입한다. 음습한 바람이 어두워진 차 안으로 들이친다.

과나후아토의 대중교통을 비롯한 차량 대부분은 구시가지를 드나들 때 지상 도로보다는 그 아래로 뚫려 있는 지하 도로를 이용한다. 터널은 도시의 동에서 서로 이어지고 남에서 북을 가로지르며 뚫려 있어 좁고 복잡스러운 구시가지 도로의 불편을 해결해 준다. 사실 이 지하 터널은 스페인 식민 당시 은광 개발을 위해 만든 광산이었다. 이후 그 위에 도시가 건설되면서 과나후아토강의 범람에 의한 홍수 피해를 막기 위해 수로로도 쓰였다. 근대에 치수 목적의 포수엘로스 댐이 만들어지면서 수로의 역할은 사라지고 구시가지를 보전하고 교통 체증을 해소하기 위한 도로로 개조됐다.

희미한 전등을 밝힌 지하 터널에는 간혹 밝은 햇살과 함께 지상에서 계단이 내려온다. 계단과 이어지는 인도에 드문드문 사람들이 오간다. 갈림길마다 녹색 표지판이 나타나 꼼꼼히 길을 안내한다. 넓어진 길 오른편으로 차들이 줄줄이 주차되어 있다. 정장을 차려입은 남자가 차를 세우고 열린 창문을 수동으로 닫는다. 그 옆으로 몸에 착 달라붙는 옷에 럭비공 같은 헬멧을 착용한 라이더들의 자전거가 아슬아슬하게 스쳐 지나간다. 개미굴처럼 갈라지는 옆 터널을 시내버스가 달려간다. 터미널에서 봤던 그 버스다. 오른쪽으로 합류하는 도로에 커다란 트럭 한 대가 서서 우리가 지나가기를 기다린다. 어지간한 현지 사람도 함부로 들어왔다가는 땅속에 갇힐 만큼 길은 복잡하게 연결된

다. 이와 같은 미로의 지하 터널로 인해 과나후아토는 길 위의 도시라고도 불린다.

터널에서 빠져나온 차는 아기자기한 정원이 옹이처럼 달린, 오래된 골목을 지나 넓은 계단 앞에 선다.

"이 계단을 따라 조금만 올라가면 당신의 숙소예요."

오르테가가 트렁크에서 배낭을 꺼내는 나를 기다리며 말했다.

"고마워요, 오르테가."

"즐거운 여행 되세요."

그의 하얀 차가 노랗고 파란 건물들을 지나서 구시가지 쪽으로 내려간다.

칼로 한 번에 자른 듯 네모나게 다듬은 나무들이 정원을 성벽처럼 높이 둘러싸고 있다. 전정한 단면은 무성한 나뭇잎들이 빈틈없이 채워져 쫀득함마저 느껴진다. 그래서 멀리서 볼 때는 그 질감과 모양 때문에 여름철 즐겨 먹는 사각기둥 형태의 멜론 맛 아이스크림 같았다. 그렇지만 가까이 갈수록 잎 사이의 송송 뚫린 구멍들이 보이면서 녹차 케이크처럼 보인다. 그런데 녹차 케이크라고 하기에는 그 아래 벤치에서의 시원함을 표현할 수 없어 아쉽다. 아무튼 케이크든 아이스크림이든 간에 초록의 정원수들은 햇빛을 막아 주는 것은 물론 서늘한 바람까지 내려보내 준다. 마치 문 열린 냉장고처럼….

과나후아토 역사 지구의 중심에 있는 우니온 정원은 현지인뿐만 아니라 여행자들에게도 만남의 장소이자 쉼터가 된다. 남쪽으로 세운 사다리꼴 모양의 정원 주변을 정원수만큼이나 반듯하게 단장한 카페와 음식점들이 들어서서 미각 또한 즐겁게 한다.

옆 벤치에 앉아 있던 연인을 파란색의 차로(멕시코 카우보이) 복장을 한 7인조 마리아치가 에워싼다. 꽃다발들을 한 움큼 안은 꽃장수가 어디선가 나타나 눈치 빠르게 연인 옆으로 다가선다. 갑작스러운 구경거리에 주변 벤치와 카페에 있던 관광객들이 카메라를 들고 모여든다. 비장한 표정의 마리아치가 서로 눈빛을 교환한 후 트럼펫으로 공원에서의 세레나데 연주를 시작한다. 트럼펫의 전주를 받은 기타론의 중저음 리듬에 기타와 비우엘라가 경쾌한 소리로 남은 공간을 메운다. 청아하고 매끈한 보컬의 목소리가 힘차게 나오자, 바이올린 주자의 푸근한 화음이 그 위에 올려진다. 정원 가득히 마리아치의 감미로운 노래가 채워진다. 우니온 정원은 이제 청각까지 즐겁다.

마리아치는 멕시코의 전통음악을 연주하는 소규모 악단을 일컫는 이름으로, 멕시코 원주민의 민속음악에 식민지 시절 유입된 서양음악과 악기가 혼합되어 1860년경 멕시코 서부의 할리스코주에서 탄생했다. 지역에서 농부들의 노동요를 연주하던 마리아치가 전국적으로 알려지게 된 것은 멕시코 혁명(1910~1917) 당시 군악대로 활동하면서이다. 악기는 스페인으로부터 들어온 바이올린과 기타를 중심으로 트럼펫, 비우엘라, 기타론 등으로 구성된다. 이들의 멋진 의상은 민속적이고 종교적인 색채의 마리아치 음악에 강한 남성성을 드러내기 위해 도입한 멕시코 카우보이의 복장이다. 악단별로 의상의 장식과 색깔을 달리해 서로를 구분한다. 멕시코 사람들은 거리에서뿐만 아니라 생일, 결혼, 세례와 장례 등 인생의 중요한 순간마다 마리아치를 초대해서 연주를 청해 듣는다. 그렇기에 마리아치는 사랑의 세레나데에서 종교음악까지 다양한 장르의 곡을 연주할 수 있다. 기쁠 때나 슬플 때나 음악이 필요하다면 시간과 장소를 불문하고 등장하는 마리아치. 멕시코인들에게 마리아치는 인생의 동반자요, 삶을 윤택하게 하는 여유이자 낭만이다.

벤치에 차분히 앉아 세레나데를 감상하는 여성과는 딴판으로 남성은 일어서서 마리아치를 불러 온 친구와 함께 노래를 크게 따라 부른다. 그의 과한 웃음과 몸동작이 처음엔 단순히 쑥스러움을 모면하려는 것인 줄 알았지만, 다음 노래에도 이어지는 것으로 보아 남성은 마리아치의 노래에 한껏 들떠 있는 것 같다. 흥에 겨워 프러포즈할 여성은 안중에도 없다. 무표정한 얼굴의 꽃장수가 그런 그에게 한 발짝 더 다가선다. 다음 선곡을 위해 마리아치와 대화를 나누는 남성이 안절부절못하며 왼손으로 사타구니를 계속 쓸어 올린다. 나는 생각 없이 하고 있는 그의 민망한 행동을 제지하고 싶었다. 흥분된 마음을 가라앉히고 노래보다도 여성에게 집중하라고 조언하고 싶었다. 행복한 결말을 기대하며 남성을 지켜보는 사람들도 나와 같은 마음일 것이다. 다섯 번째 곡이 끝나자, 남성은 꽃장수에게 장미 한 다발을 사서 여성에게 내민다. 여성이 꽃다발을 바라보며 조용히 웃기만 한다. 지켜보

던 모두가 긴장한다. 잠시 후 남성이 오른쪽 무릎을 꿇고 두 손으로 꽃다발을 들어 올린다. 여성이 꽃다발을 받으며 남성과 뜨거운 키스를 나눈다. 연인을 둘러싼 관중들이 안도의 손뼉을 치며 다 같이 환호한다.

우니온 정원 건너편에 후아레스 극장이 우뚝 솟아 있다. 여덟 개의 기둥이 받치고 있는 사각의 석조 테라스가 압도적이다. 테라스 지붕 위로 기둥 위치에 맞춰 각기 다른 모습으로 서 있는 천사들이 우아한 자태를 뽐낸다. 극장은 작은 도시에는 걸맞지 않은 규모와 화려함을 지녔다.

작은 산골 마을이었던 과나후아토는 스페인 식민 시절인 16세기 중반, 주변 산에서 어마어마한 매장량의 은이 발견되면서 도시로 번성하게 된다. 원주민을 착취해 은광으로 부를 축적한 스페인 지배층은 바로크 양식의 성당들과 신고전주의 양식의 화려한 건축물들을 이곳에 세웠다. 도시의 아름다움 안에 원주민의 고통과 한이 고스란히 어려 있는 것이다. 그렇다면 하늘 문에 들어가기 위해 그들만의 호화로운 성당에서 미사를 드렸을 정복자들은 과연 지금 천국에 있을까? 그들이 천국의 계단을 오르기에는 원주민이 흘린 피와 눈물이 너무나도 무거웠을 것이다.

극장 테라스 앞 넓은 계단에 앉은 사람들이 광대의 공연을 기다린다. 광대는 분칠을 한 하얀 얼굴 한가운데 주머니에서 꺼낸 동그랗고 빨간 공을 붙이고 공연을 시작한다. 익살스러운 광대의 몸짓에 따라 관객들은 숨죽이다가 한탄하고 놀라다가 박장대소한다. 불려 나온 나이 지긋한 백인 관광객이 광대의 요구를 충실히 따르며 큰 웃음을 자아내기도 한다.

오후의 화창한 거리에는 원주민 노점상들이 자리를 펴고 갖가지의 기념품과 먹거리들을 팔고 있다. 나는 투명한 플라스틱 컵에 생과일을 팔고 있는 상인에게 다가간다. 딸기, 파인애플, 수박, 자몽, 오렌지 등의 과일을 믹서기로 갈아서 주스로도 팔고 깍둑썰기로 잘라서 컵에 담아 팔기도 한다. 나는 망고와 멜론, 그리고 파파야가 섞여 있는 컵을 골랐다. 상인이 컵 뚜껑을 열어 시럽을 뿌려 주려고 한다.

"됐어요."

나는 손가락으로 X표를 하며 거절했다. 그리고 배낭을 내려 지갑을 꺼내는 사이에 상인은 과일 컵에 소금과 고춧가루를 뿌린다.

"안 돼요."

내가 놀라며 뒤늦게 막아섰지만, 상인의 날쌘 손놀림은 벌써 시큼한 레몬을 짜고 있다.

"아! 싫은데…."

내가 곧바로 말했다. 그러나 그녀는 개의치 않고 이쑤시개 하나를 멜론 조각에 꽂으며 과일 컵을 내게 준다. 옆에서 고춧가루가 뿌려진 파파야를 맛있게 먹고 있는 남성을 위안 삼아 나는 새로운 맛을 경험해 보기로 한다. 과일을 한입 베어 물 때 단맛으로 똘똘 뭉쳐진 아삭하고 상큼한 식감, 그리고 씹을 때 새콤함을 풍기며 터진 과즙이 입안에 온통 물들 것을 바랐던 기대는 산산조각이 나 버렸다. 과일들은 신선했지만, 당도가 높지 않아 수박 껍질을 먹는 느낌이다. 망고마저도 떫다. 거기에 뿌려진 소금과 고춧가루는 그 맛을 기묘하게 만든다. 나는 상인에게 시럽을 듬뿍 넣어 달라고 요청한다. 그렇게 시럽의 단맛에 의지해 먹어 보려 했지만, 과일 맛은 점점 더 괴기스러워진다. 나는 회생 불가가 되어 버린 과일들을 버릴 수밖에 없었다. 그나마 먹을 만했던 파파야 한 컵을 다시 주문한 후 시럽을 잔뜩 넣어 입가심으로 먹으며 걸어간다.

길 한쪽에서 과나후아토 대학교 학생들로 꾸려진 밴드가 거리 공연을 하고 있다. 무엇보다도 붉은색 어쿠스틱 기타의 연주 솜씨가 범상치 않다. 깔끔하고 정확한 피킹은 듣는 이의 마음을 상쾌하고 정갈하게 만든다. 오른편 레스토랑 입구에서 검은 팬츠에 아이보리 재킷을 맞춰 입은 마리아치가 꽃을 든 중년 남자를 가운데 두고 연주를 한다. 주위에는 남자의 가족들이 케이크와 선물을 들고 서서 촉촉한 시선으로 그를 지켜본다. 나는 발길을 되돌려 그림들이 전시된 산디에고 교회 앞마당을 지나 기차역을 개조해 만든 이달고시장으로 간다. 몸과 마음이 건강한 여행을 위해서 내 입맛에 맞는 현지 음식을 찾아보려 한다. 그러나 음식만큼 보수적인 것도 없기에 잘 찾을 수 있을지 걱정이다.

빨간 공중전화 부스처럼 생긴 푸니쿨라가 녹색 레일에 매달려 덜컹

덜컹 위태롭게 오른다. 점점 상승하는 푸니쿨라의 좁은 창으로 후아레스 극장에 가려진 우니온 정원이 보일 때쯤, 나는 발걸음을 조심히 옮겨 창문 가까이 다가간다. 그리고 올라온 레일을 내려다본다. 깎아지른 벼랑이 사납게 떨어진다. 저 아래 텅 빈 탑승장이 굶주린 악마의 목구멍 속같이 깊고 컴컴하다. 레일 주변 바위와 나무들이 경사를 가까스로 버티고 있다. 자칫하면 모두가 온통 쏟아져 내려 탑승장 속으로 빨려들 것만 같다. 나는 중력에 잡힌 시선을 힘겹게 길어 올려 마을로 부어 넘긴다. 열대과일 샐러드같이 네모나고 화사한 집들이 오목한 골짜기에 푸짐하게 담겨 있다.

이탈리아 베수비오 화산에 처음으로 푸니쿨라가 개통되었을 때 사람들은 무서워서 탑승을 꺼렸다. 그러자 시공사는 그 유명한 노래 '푸니쿨리 푸니쿨라'를 만들어 푸니쿨라를 홍보했고 노래가 폭발적인 인기를 끌면서 덩달아 이용객도 순식간에 늘어났다고 한다. 하지만 드라큘라를 닮은 이름 때문인지 몰라도 푸니쿨라는 탑승객들에게 여전히 긴장감을 준다. 어찌 보면 그것이 푸니쿨라의 매력이기도 하다. 무섭지만 즐거운 출렁다리나 위험하지만 설레는 배낭여행처럼….

가슴 졸이며 오른 푸니쿨라의 목적지는 과나후아토 전망대이다. 작은 공원으로 꾸며진 전망대 중앙에 화산만큼이나 뜨거웠던 멕시코 독립 영웅 삐삘라의 석상이 우람하게 서 있다. 삐삘라는 독립 전쟁에 참전한 광부 후안 호세 데 로스 레예스 마르티네스 아마로의 별명이다. 그는 과나후아토에서 벌어진 전투에서 횃불을 들고 앞장서서 적진으로 뛰어들어 스페인 군대를 무찌른 인물이다. 200여 년이 지나도 꺼지지 않는 그의 불같은 용맹은 기념상으로 도시에 우뚝 섰고 그의 이야기는 전설이 되어 언덕에 새겨졌다. 오늘도 그날처럼 횃불을 높이 든 삐뻴라는 내일도 오늘처럼 이 자리를 지킬 것이다.

나는 석상을 뒤로하고 전망대 앞쪽으로 나선다. 공원을 오가는 잡상인과 관광객의 수가 엇비슷하다. 전망대가 바빠지는 일몰까지는 아직 많은 시간이 남았기 때문인 듯하다. 새로운 단체 관광객이 오른쪽에서 올라온다. 배회하던 상인들이 빠른 걸음으로 그들에게 다가가 기념품과 먹거리를 앞다투어 내민다. 그러나 손님들은 그들을 못 본 척하며 옆 동료에게 괜한 말을 건다. 머리끝에서 발끝까지 금색 칠을 한 거리 공연자가 신문을 펼쳐 들고 전망대 끝 돌난간에 걸터앉아 기념사진에 또 다른 배경이 된다. 그런데 신문을 한 장 한 장 넘기며 보는 그의 모습은 지금이 공연 중인지 아니면 휴식 시간인지 보는 이로 하여금 애매하게 만든다. 돌난간 바로 밑으로 난 아슬아슬한 오솔길로 빨간 모자를 쓴 남성이 흰 나귀와 검은 나귀를 앞뒤로 몰고 끌며 지나간다. 셋의 가쁜 숨은 절벽 모서리를 타고 왼쪽 달동네의 가느다란 길로 이어진다. 이들이 먹고살던 성실한 길이다.

나는 번지점프라도 할 듯이 절벽 끝에 선다. 멀리서 굽이진 초록 능선 아래에 알록달록 색깔을 달리한 작고 네모난 집들이 블록 장난감처럼 벽을 맞대고 오밀조밀 끼워져 있다. 마치 색의 향연을 펼치는 인상파의 커다란 세밀화 같다. 각양각색의 바람에 휩쓸려 골짜기 구석구석

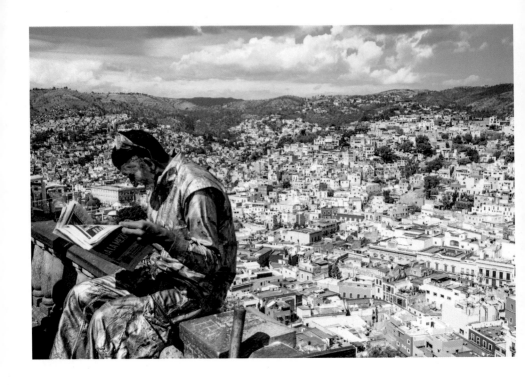

을 훑던 나의 비상은 한복판에 봉긋 솟은 노란색의 과나후아토 성모 성당과 하얀색의 과나후아토 대학교로 내려와 잠시 머문다. 그러고는 다시 풍만한 빛에 반사되어 좌우로 크게 날아오르며 도시의 다채로움에 감탄한다.

나는 상상 이상의 전경에 시선을 옭아맨 채 전망대 왼쪽 널찍한 돌계단에 자리를 잡고 앉는다. 지하로 숨긴 차도 덕분에 풍경은 마디 없이 이어진다. 거칠었던 골짜기에서도 멈출 수 없었던 이들의 삶이 통째로 각인된 흔적이기도 하다. 집마다 열린 창에서 불어온 골바람이 도시의 언어가 되어 내 귀에 속삭인다. 나는 수천 개의 색을 가진 이야기 속으로 깊이 빠져든다. 그러다가 전망대 옆 카페에서 흘러나오는 노래에 결국 눈가가 촉촉해진다.

혼자 떠나온 여행에서는 갑작스레 차오르는 감동을 공유할 사람이 없다. 북받친 감정을 뱉어 낼 대상이 없다. 오롯이 혼자 삭히고 억누른다. 그렇게 실컷 뜨거워지고 부풀어진 내 가슴에 예리하게 꽂힌 노래는 난데없는 눈물의 기폭제가 되었다. 처음 듣지만 익숙한 멜로디의 노래가 심금을 울린다. 무슨 노랜지 알고 싶다. 나는 갑작스러운 호기심에 감성을 추스를 새도 없이 노래 검색 앱을 바로 켰다.

참 좋은 세상이다. 예전 같으면 카페를 급히 찾아가 "지금 나오는 노래가 뭐예요?"라고 물어봐야 했을 것이다. 그것도 선곡 리스트를 알고 있는 직원이 있어야 궁금증을 해결할 수 있었다. 그런데 이제는 손가락 터치 한 번으로 전 세계의 모든 노래를 알아낼 수 있으니 말이다.

그러나 편해진 만큼을 공허가 메꾸는 우울한 세상이기도 하다. 귀찮음에 의해 발명된 편리는 아날로그의 만남을 디지털 접속으로 대체한다. 통화보다 문자를, 대면보다 비대면을 선호한다. 사람들은 그렇게 절약한 관계를 홀로 소비하며 소외되고 스스로에 머물러 잠식된다. 몸뚱이를 따라 방구석에 눌어붙은 정신은 점점 딱딱해지고 허무해지는 것이다. 나는 생각한다. '행동할 때 모든 번뇌와 고통이 사라진다던데…. 그리고 보면 몸 쓰기를 꺼리는 현대인들에게 때로는 불편함이 요긴해.' 그러면서도 막상 핸드폰 화면에서 눈을 떼지 못한다.

검색을 끝낸 앱은 노래의 제목을 'Mi Olvido(나의 망각)'라고 알려 준다. 이제 '나의 망각'은 오히려 먼 훗날 내게 과나후아토를, 멕시코를, 그리고 이번 배낭여행을 회상하게 하는 노래가 될 것이다. 또한 매스컴을 통해 어쩌다 들려오는 이곳의 소식과 함께 내게 손짓할 것이다. 화려한 모습에 감춰진 이들의 소박한 영혼 속으로 다시 찾아오라고….

날이 저문 골짜기에 하나둘씩 불빛이 켜진다. 붉어진 저녁에 취한 나는 쌀쌀해진 날씨임에도 차가워진 돌계단에 계속 눌러앉아 있다. 주변에 보였던 사람들은 모두 떠나고 또 다른 사람들이 전망대에 들어선다. 오른편 산등성이 너머 검푸른 하늘이 훤해진다. 짙어지는 어둠에 맞춰 점점 밝아지는 것을 보아하니 인근 도시의 불빛 같다. 이제는 가야 할 시간이다. 나는 자리를 털고 일어선다. 떠나야 하지만 미련이 남는다. 한참을 멍하니 서서 촛불을 옮겨붙이듯 잇달아 켜지는 마을의 전등 빛을 바라본다. 두고 가기에는 너무나 아깝다. 그러나 채울 수 없다는 걸 알기에 끝 자막에 떠밀리듯 영화 같은 감동을 뒤로하고 푸니쿨라 탑승장으로 향한다.

전망대를 가로질러 삐뻴라 기념상 아래를 지날 때쯤이다. 사람들이 탄성을 지른다. 나는 그들이 가리키는 오른쪽 하늘로 고개를 돌린다. 인근 도시의 불빛인 줄 알았던 그곳에는 탐스러운 보름달이 떠오르고 있었다. 나는 가던 걸음을 바꿔 전망대 난간으로 다가선다. 품속에 접어두었던 과나후아토의 꿈이 휘영청 밝은 달 아래 커다란 날갯짓으로 다시 펼쳐진다. 골짜기마다 반짝이는 별꽃들이 무지갯빛으로 아롱지며 하늘로 만개한다.

맛있는 오악사카

　여행을 떠나기 전 숙소를 예약하고 주변 볼거리와 먹거리들을 검색하다 보면 나도 모르게 여행지의 모습이 머릿속에 그려진다. 물론 현지에 도착하면 내가 상상했던 모습과는 항상 딴판이었다. 그런데 오악사카의 거리는 도로가 좁다는 것을 제외하고는 크게 다르지 않았다. 곧게 뻗은 도로를 따라 들어선 건물들은 어디서 본 듯한 기시감마저 불러일으킨다. 그 이유는 오악사카가 스페인 식민 시절에 건설된 그리드 패턴(격자형 도시계획)의 전형적인 도시라는 것을 내가 알고 있었기 때문인 것 같다. 그리드 패턴은 오악사카의 도로망을 가로세로 일정한 간격으로 직각이 되게 맞추어 놓았다. 그리고 그 공간을 바둑판 모양의 틀에 갇혀 그려진 나의 상상화와 유사한 모습으로 채워 놓았다. 그렇게 오악사카 여행은 낯설지 않은 친숙함으로 시작된다. 그렇지만 카메라를 둘러메고 객실 문을 걸어 잠그며 나서는 발걸음은 여전히 설렌다. 렌즈를 통해 어떠한 삶과 이야기가 사진에 담길지 언제나 가늠할 수 없기 때문이다.

분홍과 주황으로 채색된 벽과 고풍스러운 소품으로 꾸며진 호텔은 사랑스럽다. 나는 하얀 분수대와 나무 그늘이 있는 예쁜 중정을 지나며 이번 숙소 선택이 탁월했음을 다시 한번 확인한다. 유리문이 열린 다이닝룸에서 한 가족이 늦은 아침 식사를 한다. 아빠와 아들의 오른쪽 머리 위로 똑같은 까치집이 만들어졌다. 엄마가 딸의 먹는 모습을 멍하니 바라본다. 둘러앉은 가족의 부스스한 얼굴에서 피곤함보다 편안함이 느껴진다. 대화 없이 무표정한 그들의 식탁은 오히려 화기애애하다. 붉은색 타일이 넓게 깔린 통로 벽에 도시의 옛 모습을 찍은 흑백사진이 걸렸다. 통로는 호텔 로비로 이어진다. 프런트에 선 말쑥한 정장 차림의 남성과 여성이 멀리서 다가가는 나를 보고 미소를 보낸다. 그들과 줄곧 시선을 맞추고 가기에는 좀 오래다. 나는 괜스레 옆에 전시된 고가구에 눈길을 돌려 감상하는 체하며 걸어갔다. 방 열쇠를 건네는 내게 남자 직원이 말한다.

"즐거운 하루 보내세요."

"감사합니다. 당신도요."

내가 대답했다. 옆에 있던 여자 직원과는 눈인사를 나누고 현관문으로 향한다. 로비 왼편 커다란 화분 옆으로 여행사 부스가 들어서 있다. 안내대에 허리를 세우고 앉은 파란 블라우스의 여성이 기다렸다는 듯이 내게 인사한다.

"좋은 아침입니다."

여성의 뒤쪽 창에는 오악사카의 여러 관광지를 소개하는 포스터가 현란하게 부착되어 있다. 그중에 석회암이 넓게 폭포처럼 흘러내리는 이에르베 엘 아구아의 신비로운 모습을 담은 사진이 내 눈길을 사로잡는다.

"이에르베 엘 아구아에 관심이 있어요. 여행 상품이 있나요?"

"네, 엘 뚤레(2,000년 수령의 삼나무) 투어, 메즈칼 투어, 직물공장 투어 등과 함께 묶은 일일 투어 상품이 있어요."

그녀가 답했다. 나는 이에르베 엘 아구아를 제외한 다른 곳은 흥미가 없었기에 다시 묻는다.

"이에르베 엘 아구아만 다녀오는 상품은 없나요?"

"네, 없습니다."

"그렇군요, 아쉽네요. 혹시 이에르베 엘 아구아를 혼자 가는 방법이 있나요?"

"택시나 버스를 이용해서 갈 수 있어요."

"버스로도 갈 수 있다고요?"

대중교통을 이용해서, 그것도 무려 버스를 타고도 갈 수 있다는 반가운 정보였다.

나는 여행지에서 머무르며 이곳저곳을 둘러볼 때의 교통수단으로 버스를 선호한다. 로컬버스는 가고자 하는 목적지에 현지인들의 일상 체험을 묶은 최고의 배낭여행 패키지 상품이라 할 수 있다. 버스에는 노선을 따라 살아가는 사람들의 얘기들이 온전히 실린다. 도심지를 달릴 때는 바쁘고 활기찬 삶이 버스에 올라타고 시골길을 달릴 때는 한가롭고 정다운 삶이 갈아타며 여행자를 맞는다. 이 획기적인 여행 상품은 가격 또한 저렴하니 여행자로서 마다할 이유가 없지 않은가. 버스를 타고 가다 보면 현지인들이 내게 먼저 말을 걸어오는 경우가 종종 있다. 말이 통하지 않는 이방인을 경계하는 구석이라곤 찾아볼 수 없다. 그들은 나를 대중교통을 이용해 친척 집을 혼자 찾아가는 어린이를 만난 듯 대견해하고 기특해한다. 심지어 잔돈이 없는 나를 위해 버스 요금을 대신해서 내 주기도 한다. 정류장에 도착한 버스의 문이 왈칵 열릴 때마다 나는 소풍 가는 어린아이처럼 늘 들뜬 마음으로 계단을 오른다.

버스를 타고 가는 방법을 묻는 내게 여성은 친절하고 상세하게 답해 준다. 개별 버스 여행은 당연히 여행사에서 취급하지 않는 상품이다. 그에 대한 설명이 길어질수록 내가 여행사에서 판매하는 상품을 계약하지 않을 확률이 더 높아진다. 그런데도 그녀는 빠트릴 만한 정보를 확인해 가며 나의 메모를 꼼꼼히 챙겨 준다. 그녀에게 어떠한 상품도 계약하지 않을 거면서 필요한 모든 것을 캐내려는 내가 너무 이기적이라는 생각이 문득 들었다. 자세한 내용은 그녀로부터 얻은 정보를 토대로 인터넷 검색을 통해 벌충하면 될 일이다.

"귀찮게 한 것 같네요. 미안합니다."

나는 미안함을 담아 고마움을 전했다.

"아닙니다. 궁금한 것이 있다면 주저하지 말고 언제든지 물어보세요."

"감사합니다."

나는 여성에게 인사했다. 그리고 길 건너에 있는 후아레스 시장으로 향한다. 시장은 버스보다도 날것 그대로인 현지인의 생활 속으로 더 깊이 들어가 볼 수 있는 곳이다. 현관 바닥을 밀대로 닦던 남성이 화창한 도시의 아침으로 나가는 길을 내게 내어 준다.

오악사카는 유일한 원주민 출신의 멕시코 대통령 베니토 후아레스의 고향이다. 그는 차별받던 원주민들의 지위 상승을 위해 노력했고 스페인 지배를 벗어난 혼돈기에 민주주의 확립을 위해 헌신했던 인물이다. 후아레스 시장은 그의 이름을 따서 지은 것이다.

시장 입구 앞 도로에 펼쳐진 노점 중에 붉은색의 무언가를 산처럼 쌓아 놓은 것이 보인다. 번들거리는 모양이 말린 고추를 듬성듬성 거칠게 썰어 놓은 것 같았지만 가까이 가 보니 메뚜기와 애벌레 볶음들이다. 친구와 시식하던 젊은 여성이 나에게 먹어 보기를 권한다. 나는 애벌레보다는 먹어 본 경험이 있는 메뚜기 한 마리를 집어 들었다. 고추 양념으로 볶은 메뚜기는 머리와 배, 다리와 날개 등 몸 전체가 온통 빨갰다.

멕시코 사람들은 고추를 참 좋아한다. 과일과 빵, 심지어 아이스크림에도 고춧가루를 뿌려 먹는다. 고등학교 시절 짜장면에 고춧가루를 뿌려 먹던 친구가 있었다. 그 당시에는 흔하지 않았던 취향이었기에 나는 친구의 입맛이 참 유별나다고 생각했었다. 그 후 중식당에 갈 때마다 테이블 위에 식초와 함께 비치된 고춧가루 양념통은 미각에 대

한 나의 호기심을 자극했다. 검은 짜장면 위에 그렇게 뿌려진 빨간 고춧가루는 짜장면의 기름진 맛을 보완하고 돋으며 풍미를 더했다. 과일, 아이스크림에 뿌려진 고춧가루 속에도 내가 미처 찾지 못한 빨간 맛이 존재하겠지만 아직은 유별나 보인다. 반면에 빨간 메뚜기는 굳이 맛을 찾아내려 눈동자를 거들떠 머릿속을 더듬을 필요가 없다. 메뚜기의 고소함에 고추의 매콤함이 더해지며 익숙한 맛깔이 혀끝으로 전해진다.

고개를 끄덕이며 맛있어하는 내 모습에 두 여성이 웃는다. 그중 흰옷을 입은 여성이 내게 묻는다.

"맛있어요?"

"네. 어렸을 때 먹었던 것보다 더 맛있네요."

"어느 나라 사람이에요?"

"한국 사람입니다."

"우와! 한국에서도 메뚜기를 먹는군요?"

"물론이죠, 안 먹을 이유가 없죠."

나는 덤덤한 표정을 지으며 대답하고는 상인에게 한 봉지의 메뚜기를 주문한다. 상인이 스페인어로 뭐라고 내게 말한다.

"어느 단계의 매운맛을 원하나요? 총 여섯 단계가 있어요."

흰옷을 입은 여성이 통역해 주었다.

"이것이 저에게 맞네요. 이것으로 주세요."

나는 시식했던 메뚜기를 가리키며 답했다. 흰옷을 입은 여성은 좀 더 매워 보이는 메뚜기를 한 봉지 구매한다. 나는 두 여성과 인사하고 시장 건물 안으로 들어선다.

입구 안쪽 벽에 베니토 후아레스의 초상화가 걸려 있다. 그 아래에 공 모양의 하얀 치즈가 쌓여 있다. 좌대에 앉은 상인은 반 뼘가량 넓이의 치즈 가락을 둘둘 말아 새로운 치즈 뭉치를 만든다. 마치 뜨개질을 위해 풀어진 실타래를 감아 둥그런 실뭉치로 만드는 것 같다. 감긴 치즈의 넓이 때문에 치즈 뭉치는 대나무를 엮어 만든 세팍타크로 공처럼 보인다. 짭조름하고 엇구수한 치즈 맛과 쫄깃한 식감을 상상하니 입안에 침이 고인다. 나는 빨간 메뚜기가 담긴 봉지를 들고 있었지만 어쩔 도리 없이 20페소(MXN, 멕시코의 화폐단위)어치의 치즈를 샀다. 상인이 치즈 타래의 첫머리를 찾아 너덧 번 풀어 자른 후 봉지에 담아 준다.

양손에 들린 메뚜기와 치즈, 어딘가 닮아 있는 둘의 맛은 균형을 이루지 못하고 한쪽으로 치우친 조합이다. 따로는 괜찮지만 서로는 어울리지는 않는다. 같이 먹기에는 상충한다. 이제는 양념이고 반찬거리 같은 둘을 조화롭게 감싸안을 토르티야(옥수수 반죽으로 얇게 구운 부꾸미)가 필요하다. 나는 토르티야를 찾아 시장 안으로 깊숙이 들어간다.

주말 오후의 소칼로는 작은 놀이동산이다.

배꼽이란 뜻을 지닌 소칼로는 중앙 광장을 말한다. 멕시코 어느 도시든 중심에는 중앙 광장, 즉 소칼로가 있다. 쉼터이자 소통의 장이던 평일의 소칼로는 주말이 되면 공연장, 놀이 시설, 먹거리 장터 등이 들어서며 축제의 장으로 탈바꿈한다. 주말을 맞은 오악사카의 소칼로에도 많은 사람이 어김없이 몰려들었다.

울창한 나무들이 넓은 그늘을 드리운 벤치는 빈자리가 없다. 아이스크림을 먹는 아이를 지켜보는 엄마 옆에 턱 아래로 신문을 넓게 편 노인이 앉았다. 화장을 짙게 한 여성이 손가락질을 곁들여 가며 앞에 선 남성에게 말한다. 삐쩍 마른 남성은 뒷짐을 지고 먼 곳을 바라보며 진지한 표정으로 듣는다. 백발의 여성이 엉덩이를 길게 빼고 앉아 손톱 소지에 여념이 없다. 그들 사이로 양손에 장난감을 잔뜩 든 긴 콧수염의 상인이 내 카메라에 눈썹을 세워 곁눈질하며 지나간다. 앞치마를 두른 듯한 전통 의상을 입은 상인은 하늘 높이 솟은 풍선 다발에 매달리듯 걸어간다. 자칫하면 하늘로 두둥실 딸려 올라갈 것 같은 엄청난 양의 헬륨 풍선들이다. 분홍과 파랑의 솜사탕을 팔고 있는 소녀의 따분한 시선이 광장 북쪽에 있는 메트로폴리탄 대성당에 멈춰 있다. 파스텔 색조의 알록달록한 주변 건물과 동떨어진 무채색의 대성당이 엄숙하다.

대성당 옆 공터에 야외 공연장이 차려졌다. 15명의 소규모 오케스트라 공연이다. 흰옷을 맞춰 입은 단원들이 보면대 앞에 앉아 공연을 위해 막바지 조율 중이다. 사람들이 간이의자를 깔아 놓은 관람석으로 들어선다. 자리가 많지 않아 금세 차 버린다. 걸음이 느린 사람들이 그 뒤에 가로줄로 겹겹이 선다. 잠시 후 지휘자의 인사와 함께 관객들

의 큰 박수로 공연이 시작된다. 살랑이는 바람과 함께 오케스트라의 선율이 소칼로에 퍼진다. 모두가 연주에 집중하는 사이, 내 앞에 한 아이가 딴청을 피운다. 방금 산 줄 달린 비행기 모양의 풍선 장난감을 이리저리 끌고 다니며 신나 있다. 아이의 입에서 오케스트라보다 더 멋지고 다양한 음색의 엔진 소리와 기계음이 연주된다.

나는 광장 옆 북적거리는 노천카페들을 지나 조용한 뒷골목의 한 음식점을 찾았다. 아담한 음식점에는 뒤늦게 점심을 해결하려는 원주민들 몇이 식사하고 있다. 음식점의 한쪽 벽면에 동화책 속 그림 같은 벽화가 그려졌다. 노란색으로 칠해진 메트로폴리탄 대성당 앞으로 수많은 사람이 서 있다. 그들을 양쪽으로 가르며 성당 입구에서 원근감을 살려 그려낸 돌길이 앞으로 펼쳐진다. 그 길 위로 멕시코 전통 복장의 여성이 바구니를 머리에 이고 치마를 펼치며 걸어온다. 성당 위에는 무지갯빛 불꽃들이 터지며 파란 하늘을 수놓는다. 몽환적이고 화려한 벽화의 분위기와 다르게 모여 있는 사람들의 무표정한 얼굴이 비장하다. 저항하는 민중의 소리 없는 함성이 들려오는 듯하다.

멕시코를 여행하다 보면 건물 외벽이나 내벽에 그려진 진득한 색감의 벽화를 어렵지 않게 만나게 된다. 그것은 1920년대 공공 벽화를 중심으로 전개된 '멕시코 벽화 운동'이라 불리는 민족주의적 미술 운동 때문이다. 일반적으로 벽에 그림을 그리는 이유는 밋밋한 건물 벽에 활력을 불어넣거나 흉한 부분을 차폐하기 위해서다. 그런데 멕시코 벽화의 목적은 적극적이고 치열하다. 문맹률이 80%가 넘는 현실 속에서 식민 치하에 사라져 간 전통과 문화를 되찾고 혁명의 당위성을 민중에게 알리기 위해 벽화를 이용한 것이다. 벽화 운동은 기존 독재체제를 타도하고 반식민지적 사회구조의 개혁을 목표로 했던 멕시코 혁명과 그 궤를 같이한다. 대표적인 작가로는 멕시코의 역사를 한눈에 볼 수 있는 벽화를 대통령궁에 그린 과나후아토 출신의 디에고 리베라가 유명하다. 그는 내가 멕시코시티에서 방문한 파란 외벽이 눈에 시린 미술관의 주인공 프리다 칼로의 못된 남편이기도 하다.

나는 벽화 아래 테이블에 배낭을 내려놓고 앉았다. 옆 테이블에 앉은 여성과 눈인사를 나눴다. 동그란 뿔테안경을 낀 젊은 여성은 몰레를 얹은 닭고기에 토르티야를 곁들여 먹고 있다.

암갈색의 몰레는 내가 먹어 봤던 멕시코 전통 소스이다. 과나후아토에서 맛 좋기로 유명한 고급 음식점을 방문했을 때 점원의 추천으로 받아 든 음식이 몰레가 뿌려진 스테이크였다. 초콜릿 색의 소스를 보면서 나는 '스테이크에 뿌려진 소스가 설마 초콜릿 맛이 나겠어?'라고 생각하며 스테이크를 썰기 전 나이프로 소스를 조금 떠서 맛을 보았다. 그 순간, 불행하게도 몰레가 초콜릿을 베이스로 한 소스라는 것을 알게 되었다. 초콜릿 향이 약하게 나는 밍밍한 맛의 몰레는, 적어도 내겐 스테이크와 전혀 어울리지 않는 소스였다. 그래도 점원이 강력하게 추천해 준 이유를 찾으려 노력해 봤지만 결국 몇 점 먹지 못하고 식당을 나와야 했다. 그 몰레를 닭고기와 함께 여성은 맛있게 먹고 있었다. 마치 우리가 외국인들이 먹기 꺼리는 미역국에 밥을 말아 맛있게 먹듯이….

자기 음식을 물끄러미 바라보는 내게 여성이 말한다.

"먹어 볼래요?"

"오! 아니에요. 쳐다봐서 미안해요."

"오! 괜찮아요. 그런 뜻이 아니에요. 당신이 맛을 궁금해하는 것 같아서요."

"사실, 그 소스를 먹어 봤어요."

"그랬군요. 맛이 어땠나요?"

"뭐 그럭저럭…."

나의 대답에 여성이 웃으며 말한다.

"알아요. 당신이 어떤 맛을 느꼈는지를…."

나도 여성을 따라 웃었다.

"전 나탈리아입니다."

"전 허입니다. 한국에서 왔어요."

음식점 주인이 건네준 메뉴판에는 사진 없이 스페인어로만 표기되었다. 메뉴판을 뚫어지게 바라보며 고민하는 내게 나탈리아가 묻는다.

"어떤 종류의 음식을 원하나요?"

"타코나 포솔레를 먹을까 합니다."

내가 대답했다. 타코와 포솔레는 멕시코를 여행하면서 내 입맛에 맞아 즐겨 먹던 현지 음식이다.

타코는 옥수수 반죽을 손바닥만 한 크기로 동그랗게 부쳐낸 토르티

야에 닭고기, 소고기, 돼지고기 등의 고기와 양상추, 피망, 고추 등의 다양한 채소를 올려 U자형으로 접어 쌈처럼 싸 먹는 요리다. 각자의 취향에 따라 고기와 채소, 그리고 소스를 고를 수도 있다. 거리를 걷다 보면 타코를 파는 가게를 흔하게 볼 수 있다. 손에 들고 다니면서 먹기도 쉬워 간단하게 한 끼를 때우기에 제격인 타코는 멕시코를 대표하는 국민 음식이다.

포솔레는 우리나라의 장터국밥과 비슷한 음식으로서 뽀얗게 우려낸 육수에 돼지머리 고기 또는 닭고기를 넣어 끓여낸다. 다만 장터국밥과는 다르게 밥 대신 옥수수가 들어간다. 그런데 옥수수 알갱이가 우리가 익히 알고 있는 형태가 아니다. 우리네보다 커다란 옥수수를 석회수에 장시간 넣고 불려 껍질을 벗긴 후 다시 육수에 끓여 주는 조리 방법으로 인해 모양이 팝콘과 비슷하며 식감 또한 그렇다. 간이 되어 있는 포솔레는 추가로 넣는 양념에 따라 담백한 하얀 국물의 포솔레 블랑코, 매콤한 빨간 국물의 포솔레 로호, 채소가 들어간 초록 국물의 포솔레 베르데로 나뉜다. 나는 멕시코 국기 속 초록, 하얀, 빨간색의 세로줄을 볼 때마다 세 가지 포솔레의 색깔과 맛이 떠오른다.

"타코는 팔지 않네요."

나탈리아가 말했다. 나도 뒤늦게 메뉴판에 타코가 없음을 확인한다.

"그렇군요. 그럼, 포솔레를 시켜야겠어요."

"네, 여기 포솔레 맛있어요. 당신 입맛에도 잘 맞을 거예요."

그녀가 엄지를 세워 자기 말을 부연한다.

미혼인 나탈리아는 멕시코시티에 있는 항공사에서 근무하다가 지난 달 고향인 이곳 오악사카에 있는 여행사로 이직했다고 한다. 그녀는 멕시코시티에서 혼자 살던 때보다 가족과 함께 있는 여기에서의 생활이 훨씬 행복하고 좋다며 내 가족에 대해서도 이것저것 궁금해한다. 나탈리아는 여행하면서 어려움이 생기면 연락하라며 자신의 전화번호와 이메일 주소를 내게 알려 준다.

"즐거운 여행 하세요."

"나탈리아, 고마워요."

나는 식사를 끝낸 그녀와 인사를 나눴다.

나탈리아가 음식점을 나간 뒤 얼마 지나지 않아 주인이 초록색 쟁반을 들고 나온다. 쟁반에는 포솔레와 함께 가늘게 채 썬 양배추와 아보카도, 그리고 빨간 무가 놓였다. 나는 한 줌의 양배추를 포솔레의 뽀얀 국물에 넣고 숟가락으로 눌러 적시며 말았다. 그리고 고기와 옥수수를 한 술 듬뿍 떠서 입에 넣었다. 부드러운 듯 쫀득한 돼지머리 고기와 순한 듯 고소한 옥수수가 뜨끈한 국물과 어우러지며 만들어 낸 감칠맛이 입안을 가득 채운다. 거기에 양배추의 아삭한 식감이 더해지며 궁금했던 첫술을 충만하게 완성한다. 나탈리아의 말대로 이곳은 포솔레 맛집이었다.

탐욕과 오해의 탁스코

예상과 달리 골목길이 몹시 가파르다. 업힌 배낭이 나를 뒤로 자빠뜨릴 기세로 무겁게 버틴다. 한낮의 열기로 달궈진 굵은 자갈이 박힌 길에 행인은 보이지 않는다. 자동차들만이 매캐한 연기를 뿜어대며 힘겹게 오르내린다. 올라가는 차와 내려가는 차 모두 조금이라도 긴장을 늦추면 벼랑길 아래로 사정없이 곤두박질칠 것 같은 경사다.

탁스코 버스 터미널부터 예약한 숙소까지의 거리는 약 500m 정도이다. 당연히 걸어서 이동 가능하리라 판단한 나는 지도 앱을 켜고 숙소를 찾아가는 길이었다. 그러나 터미널 건너편 시장 입구를 지나 오른쪽으로 접어든 골목길이 의외의 복병이 되어 내 앞을 막아선 것이다. 탁스코가 산비탈에 자리한 도시라는 것을 알고는 있었지만 이렇게 꼿꼿이 서 있을 줄은 상상하지 못했다. 더구나 나는 굶주리고 지쳐 있었다. 새벽부터 일어나 치아파스주의 중부 내륙에 있는 고산도시 산 크리스토발 데 라스 카사스에서 국내선을 이용해 멕시코시티

공항에 도착했고 버스 시간에 쫓겨 점심도 거른 채 곧바로 멕시코시티의 남부 버스 터미널로 이동해 여행자 버스를 탔다. 그리고 세 시간여를 달려 이곳 탁스코에 도착한 것이다. 여행 기간을 길게 잡을 수 없는 직장인 배낭여행의 촉박한 일정 탓이다.

나는 오른쪽으로 꺾여 높이 사라지는 급경사 길을 다시 한번 올려다보며 퍽퍽한 한숨을 내쉰다. 그리고는 택시를 잡아타기 위해 무거운 발길을 터미널 앞으로 되돌렸다.

"곤니찌와."

탁스코의 명물인 하얀 비틀 택시에 기대고 있던 기사가 내게 인사한다. 딱정벌레 모양의 폭스바겐사 비틀은 2000년대 멕시코에서 한때 흥행했던 자동차로서 이제는 거의 사라졌지만 탁스코에서 택시로 사용되며 도시의 상징으로 남아 있다.

"여기로 갈 수 있을까요?"

나는 지도 앱이 켜진 핸드폰을 그에게 보여 주며 물었다.

"물론이죠."

기사가 운전석에 오른다.

"트렁크 좀 열어 주세요."

나는 배낭을 싣고자 기사에게 말했다.

"여기에 실으면 됩니다."

운전석에서 상체를 오른쪽으로 기울여 손을 길게 뻗은 그가 조수석 문을 열어 주며 말했다. 열린 문 안쪽에는 조수석 시트가 제거되어 넓은 공간이 마련되어 있었다. 자동차 문이 양쪽에 하나밖에 없는 비틀을 택시로 운행하면서 승객들이 뒷좌석으로 쉽게 오르내릴 수 있도록 개조한 것이다. 나는 그곳에 배낭 두 개를 포개어 실은 후 기다시피 이동해 뒷좌석에 몸을 던졌다. 내가 미처 닫지 못한 문을 기사가 문짝에 달린 줄을 힘껏 잡아당겨 닫는다. 줄은 센터페시아와 연결되어 있었다. 그 광경이 재미있어 내가 말한다.

"우와! 그거 좋은 아이디어네요."

"감사합니다."

그가 돌아보며 답했다. 탁스코를 닮은 하얗고 예쁜 외모와 달리 비틀 택시 안은 검고 투박했다. 단출한 내장재와 부속품들은 자동차의 나이를 짐작게 한다.

"그런데 나는 한국에서 왔어요."

"오, 그런가요? 일본 사람인 줄 알았어요. 내가 동양인을 보면 일본 사람인지 중국 사람인지 한국 사람인지 잘 맞히거든요."

넉살 좋아 보이는 기사가 능숙한 영어로 말했다.

"동양인들의 국적을 알아보는 비결이 뭔가요?"

"그냥 보면 알아요. 육감이라고나 할까? 하하하…."

"육감이요? 하하."

나도 따라 웃었다. 기사가 시동을 걸고 좌우를 살피며 건너편 차선으로 넘어간다.

"당신 육감의 적중률은 얼마나 되나요?"

"음…. 대략 99%? 하하하…."

"내가 바로 그 1%네요. 그럼, 로또에 당첨된 건가요?"

"그렇네요. 하하하…."

그가 호탕하게 웃으며 말했다.

기사가 오른쪽으로 핸들을 돌리자 조금 전 내가 오르려다가 포기한 골목길이 나타난다. 택시가 날카로워진 엔진음을 내며 골목길을 오르기 시작한다. 나는 숨을 참고 양손으로 시트를 거머쥐며 힘겨워하는 택시에 힘을 보탠다. 기사도 상체를 등받이에서 떼어 세우고 운전대를 두 손으로 잡아당기며 운전에 집중한다. 열린 차창으로 도로의 열기와 택시가 내뿜는 배기가스가 뒤섞여 들어온다. 나는 왼쪽으로 몸을 틀며 오른쪽 엉덩이를 들어 접혔던 바지 주머니를 편 후, 주머니 속으로 세 개의 손가락을 꼼지락대며 집어넣어 손수건을 꺼냈다. 구겨진 손수건을 펴서 코에 대는 순간, 택시의 엔진음이 잦아든다. 덮칠 만큼 가파른 기울기에 가려 끝을 헤아릴 수 없었던 오르막은 그리 길지 않았다. 교행이 어려운 좁은 도로 탓에 오르막 끝에서 우리가 올라오기를 기다렸던 흰색의 소형 승합차가 내려간다. 두 대의 비틀 택시가 그 뒤를 따른다. 택시들이 빠지며 내준 완만해진 골목길을 왼쪽으로 크게 돌아 오르니 평탄한 지형이 나타난다. 무거운 배낭을 메고 걷기에도 충분하다. 나는 괜스레 속은 기분이 들었지만, 나를 속인 주체는 길이 아닌 나 자신인 것을 이내 깨닫는다. 한층 넓어진 도로에 사람들과 차들이 오간다. 막혔던 시야도 트여 탁스코의 전경이 넓게 올려다

보인다. 흰색 벽에 붉은 지붕으로 색을 맞춘 건물들이 너울대는 산등성이의 굴곡을 지닌 채 소복하게 덮였다. 마치 지중해 연안 절벽에 하얗게 들어선 마을과 흡사하다.

탁스코는 멕시코 중앙고원에서 남서쪽으로 뻗어 내려가는 시에라 마드레 델 수르 산맥의 서쪽 산비탈에 자리 잡은, 18세기의 식민지풍의 건축양식을 그대로 간직한 아름다운 소도시이다. 산골짜기의 시냇물처럼 굽이치는 자갈길 양쪽으로 하얗게 회칠한 집들과 고풍스러운 석조건물이 늘어서 있다. 스페인 정복자 에르난 코르테스(1485~1547)와 그의 군인들이 대포를 만들기 위해 구리와 주석 광산을 탐사하다가 이곳에 어마어마한 매장량의 은을 발견하게 되면서 작은 산골 마을이었던 탁스코는 은광 도시로 번영하게 되었다. 정복자들이 아마존강 언저리에 있을 것이라 상상했던 전설의 황금도시 엘도라도. 그 환상 속 도시를 찾으려 혈안이 되었던 탐욕스러운 그들에게 마침내 찾아낸 이곳 탁스코는 실현된 엘도라도가 된 셈이다.

긴장했던 마음에 여유를 찾은 듯 기사가 카스테레오를 켠다. 문짝에 달린 스피커에서 1980년대를 풍미했던 팝송, 리프 하나로 전곡이 다채롭게 구성되는 명곡이 흘러나온다. 기사의 나이를 견주어 볼 때 노래와 그는 접점이 없다.

"이 노래를 알아요?"

나는 기사에게 물었다.

"물론이죠, 영국 밴드 예스의 'Owner of a Lonely Heart.'"

그가 으스대듯이 대답했다. 더욱 궁금해진 나는 다시 묻는다.

"나이를 물어봐도 될까요?"

"스물다섯이에요."

"와! 근데 어떻게 이 노래를 알죠?"

"하하하…. 삼촌 덕분에 어렸을 때 올드 팝을 많이 들었거든요."

기사가 흥얼거리며 노래를 따라 부른다. 나도 그를 따라 부른다. 앞에서 내려오는 차를 기다리느라 택시가 잠시 정차한다. 옆을 지나가던 하얀 블라우스를 입은 여성과 눈이 마주쳤다. 뻘쭘해진 내가 노래 부르기를 멈추고 눈길을 돌리며 태연한 척을 하니 그녀가 웃는다. 나도 웃으며 여성에게 인사한다.

"올라!"

"올라!"

그녀가 답하고 간 자리에 남은 시원한 향이 차 안으로 들어온다.

정차했던 택시가 다시 골목길을 오른다. 높은 건물 사이의 자갈길을 지나자, 중앙에 아이스콘 모양의 분수대가 있는 산후안 광장이 나타난다. 광장이라기보다는 작은 원형 교차로에 가깝다. 택시는 초록색의 분수대를 한 바퀴 돌아 내가 예약한 숙소 이름이 쓰인 하얀 돌기둥 앞에 멈췄다. 나는 배낭을 넘어 조수석 문을 열고 내린다. 그리고 배낭을 꺼낸다.

"택시가 필요하면 연락하세요."

배낭을 짊어지는 내게 기사가 명함을 건넨다. 그의 이름은 디에고였다. 명함에는 그가 택시 기사와 결혼 관련 사업을 병행한다고 쓰어 있다.

"고마워요, 디에고."

"좋은 여행 하세요."

디에고가 손을 흔들며 택시를 몰아 산후안 광장 아래로 내려간다.

일요일 아침, 나는 성당의 종소리를 따라 아담한 소칼로에 다다랐다. 광장 뒤편 양지바른 벽면에 붙어 있는 돈 호세 데 라 보르다의 흉상이 따사로운 햇살을 맞는다. 보르다의 시선은 자신이 세운 산타 프리스카 성당을 향하고 있다.

정복자 코르테스가 탁스코에 정착해 은을 캐내기 시작한 지 얼마 되지 않아 광산은 바닥을 드러내기 시작한다. 200년이 지나 은이 완전히 고갈되어 쇠퇴한 탁스코를 프랑스 혈통의 보르다가 친형제를 만나기 위해 방문한다. 전해지는 이야기에 따르면 그가 타던 말이 넘어지면서 발굽으로 바위를 치는 바람에 바위가 움직이게 되었고 그 밑에서 은이 드러났다고 한다. 보르다가 발견한 광맥이 거대한 규모라는 사실이 밝혀지자, 탁스코는 다시 한번 광산 도시로서 영화를 누리게 되었고 은 광산업자로 변신한 보르다는 상당한 부를 축적하게 된다. 신앙심이 깊었던 보르다는 감사의 뜻으로 말이 넘어진 자리에 성당을 짓도록 허락해 달라는 청원을 교황청에 올렸다. 그리고 건설 비용 전부를 대겠다는 조건으로 설계와 시공을 전적으로 자신이 맡는다. 성

당의 내외부 장식은 화려한 바로크 양식으로 지어졌고 내부 곳곳의 조각에는 실제 금이 상당수 사용됐다. 보르다의 야심 찬 계획이 완성되기까지는 7년이 걸렸다. 그 사이 은광은 다시 고갈되었고 성당을 호화롭게 꾸미는 데 아낌없이 재정을 쏟아부은 그는 거의 파산할 지경에 이르게 된다. 그렇지만 그의 행보는 식민 시절 당시 원주민의 피와 눈물로 은광을 개발해 얻은 엄청난 양의 돈을 대부분 본국으로 가져가던 다른 광산업자와는 달랐던 것 같다. 보르다는 이곳에 터를 잡고 자신이 얻은 소득을 사회에 환원하면서 여생을 보낸 것이다. 잔인한 시대에 독식하지 않고 나누려 했던 그의 이념과 가치는 희생자들의 한을 그나마 달랠 수 있었을 것이다. 그런 그를 기리기 위해 이곳의 소칼로는 보르다 광장으로 불리게 되었다.

지금도 유럽 열강의 후예들은 식민 시절 참혹했던 피해자들의 시간을 '대항해시대'라고 미화하며 추억하는 것을 서슴지 않는다. 반성 없는 가해자의 비겁함이 벅차오르는 조어 '대항해시대'는 세계 곳곳에 전염되어 이미 표준어가 된 지 오래다. 이 일방적이고 오만하며 추잡하고 조악한 표현은 **'탐욕의 시대', '유린의 시대', '대약탈의 시대'**로 대치돼야 마땅하다.

나는 작은 광장 너머의 보르다 성당을 올려다본다. 변화무쌍했던 이 도시의 역사를 하얗게 덮은 건물들. 그 사이를 뚫고 삐져나온 두 개의 종탑은 참았던 얘기를 남몰래 서로 고해하듯 하늘 깊이 치솟아 숨었다. 파란색 도화지에 오렌지색 물감을 짜 넣고 가운데 선을 두고 접었다 펼친 데칼코마니처럼 갈라선 둘은 똑 닮았다. 단지 사방으로 뚫린 네 개의 공간에는 각기 다른 크기와 모양의 종들이 매달려 있다. 이곳으로 나를 인도한 종을 찾으려 번갈아 시선을 둬 보지만 좀처럼 소리의 여운을 찾지 못한다. 암녹색의 벌어진 밑동으로 처진 종 불알들은 하나같이 근엄한 척 흔들림이 없다. 탑 사이 성당 전면부 꼭대기에 걸린 둥그런 시계 속 틀어진 시침과 분침이 정오의 만남을 향해 남몰래 느릿느릿 돌아갈 뿐이다.

나는 광장을 가로질러 성당을 향해 걸어가며 주황색의 석재로 화려하게 조각된 파사드를 살핀다. 성당 입구 양쪽 옆으로 두 개씩 자라난 기둥은 두 개의 층으로 이루어졌다. 기둥 사이에 성인들의 조각상이 양손을 내밀며 자혜로운 모습을 연출한다. 아기 천사들의 호위로 구분된 위층의 조각 기둥은 꽈배기 모양으로 꼬여 있다. 나선을 따라 빙글빙글 오르면 선인장을 딛고 선 독수리 조각상에 닿는다. 멕시코 국기 중앙의 국장에 그려진 독수리를 연상시킨다. 국장의 독수리와 다른 점은 뱀을 물고 있지 않다는 것이다.

멕시코 국장에서 선인장을 딛고 뱀을 물어뜯는 독수리는 아즈테카 제국의 수도인 테노치티틀란 건국 신화에서 유래한다. 그런데 이 신화의 신빙성에 대해 의문을 제기하며 뱀을 물고 있는 독수리가 사실은 식민시대에 윤색된 결과라는 주장이 있다. 아즈텍 문명에서 뱀 또한 독수리처럼 신성시되었기 때문에 독수리가 뱀을 물어뜯는 모양새는 매우 어색하다는 이유다. 아마도 성서에서 뱀을 교활한 동물로 적시하

기에 스페인 정복자들이 그렇게 지어낸 이야기라는 것이다. 나는 보르다가 설계했을 독수리 조각상이 뱀을 물고 있지 않아 이러한 논란을 피해 갈 수 있어 다행이라고 생각해 본다. 그리고 선인장에 올라탄 독수리를 성당 전면부에 장식함으로써 이곳의 역사와 문화를 존중했던 그의 마음을 다시 한번 헤아린다.

예배는 이미 시작되었지만, 참석보다는 구경을 택한 관광객들이 성당 안으로 선뜻 입장하지 않고 크게 열린 문을 가로막고 서 있다. 나도 그들 사이에 잠시 머물다가 어둑한 성당 안으로 헤집고 들어간다. 성당 내부는 온통 황금빛으로 채워졌다. 제단과 벽면, 그리고 기둥에는 성서에서의 주요 사건과 인물을 표현한 조각들이 예술품으로 거듭나 전시되었다. 제단 오른쪽에 서 있는 은으로 만든 마리아상만이 탁스코를 대변이라도 하듯 홀로 하얗게 빛나고 있다.

입구와는 다르게 안은 여유가 있다. 앞자리에는 여기저기 빈자리도 보인다. 오르간 반주에 성가를 부르는 얼굴들은 주로 원주민이다. 간간이 관광객으로 보이는 이들도 섞여 앉았다. 진지한 모습의 원주민들과 달리 그들은 흐뭇한 표정에 산만한 시선이다. 그중 머리를 짧게 묶은 낯익은 남성의 뒷모습이 건너편 앞쪽에 보인다. 나는 그의 얼굴을 확인하기 위해 조각상 아래 벽을 따라 좀 더 앞으로 이동하며 살핀다. 두 번째 줄에 남색 점퍼를 입고 앉아 있는 남성은 알렉스가 맞았다. 알렉스는 은빛의 마리아를 주시하며 사뭇 진지한 표정으로 성가를 부른다.

탁스코에 오기 전 나는 산 크리스토발 데 라스 카사스를 여행했다. 알렉스는 그곳에서 같은 호텔에 묵었던 청년으로서 나처럼 여행과 사진을 좋아하는 아르헨티나 출신의 여행자이다. 서로 눈인사만 나누던 우리는 호텔에서 준비한 시티투어버스 프로그램(실상은 버스가 아닌 마차를 타고 마을을 둘러봄)에 같이 참여하면서 친해지게 되었다. 그리고 투어의 또 다른 참가자인 스페인 여성 레이나도 함께 알게 되었다. 나와 같은 수동카메라를 쓰는 레이나는 자신을 사진작가라고 소개했다. 그 후 사흘 동안 우리 셋은 저녁 시간을 같이했다. 하루를 끝내고 돌아오면 호텔 옆 예쁜 식당에서 만나 맥주를 마시며 여행과 사진에 관해 이야기를 나눴다. 스페인어를 못하는 나로 인해 우리의 대화는 주로 영어를 사용했다. 레이나의 영어는 유창했다. 하지만 알렉스는 모국어인 스페인어 대신 서툰 영어로 대화를 나눠야 했다. 불편하고 답답할 수도 있었을 알렉스는 대화에 항상 적극적이었다. 알렉스와 나는 영어와 스페인어를 서로 알려 주기도 하며 즐거워했다. 소통하기 어려울 것 같던 우리의 대화는 여행과 사진이라는 공통된 주제, 그리고 레이나 덕분에 밤늦게까지 이어졌었다.

당장이라도 달려가 반가운 알렉스의 어깨를 치며 아는 척을 하고 싶었지만, 가로지르기엔 너무나도 숙연한 예배의 공간이다. 뒤로 삥 돌아가기에는 구경 나온 관광객들이 빈틈없이 빽빽해 그 또한 쉽지 않다. 알렉스가 전심으로 제단을 향해 머리를 조아린다. 나도 그의 마음을 따라 번잡한 시선을 경건한 제단에 번제물로 바친다. 설교하는 신부 뒤로 황금빛 조각들이 높이 쌓였다. 그 위 천장에는 여러 개의 샹들리에가 매달려 있다. 샹들리에마다 수십 개의 촛불 모양의 전등이 세워져 불을 밝힌다. 천창으로 스미는 붉은 햇빛에 녹은 촛불이 다시 노란 촛농이 되어 아래 조각상들 표면으로 오톨도톨 걸쭉하게 흘러내린다.

예배가 끝나갈 무렵 나는 밖으로 나왔다. 그리고 성당 입구가 보이는 벤치에 앉아 알렉스를 기다리며 뭔가 의아하다고 생각한다. 동성애자인 알렉스가 성당에서 간곡히 기도를 드리는 모습 때문이다. 성소수자에 대한 시각이 아직도 폐쇄적인 가톨릭을 자신의 종교로 받아들이기까지 고민했을 알렉스의 마음을 짐작해 본다.

시대의 변화에 따라 가톨릭과 개신교 내에서도 성소수자에 대해 열린 목소리가 나오고는 있지만 아직은 소수이다. 최근 교황의 동성 결합 지지 발언을 담은 다큐멘터리가 공개되면서 화들짝 놀란 가톨릭계는 인권 보호에 국한된 것이라며 선을 긋는 분위기다. 가톨릭의 교리로 현 단계에서 동성애자를 오롯이 포용할 수는 없다 하더라도 이번 교황의 메시지를 계기로 성소수자를 범죄자가 아닌, 보호받아야 할 우리 사회의 한 구성원으로 인정하는 진일보한 가톨릭과 개신교의 모습을 기대해 본다. 다만 이번 논란으로 인해 가톨릭조차 이단시하는 일부 보수 개신교 목사들이 성소수자를 사탄이라 규정하고 정죄하려는 기존의 신념을 더욱 공고히 하는 것 같아 안타깝고 두려울 따름이다.

일요일 정오, 성당 앞 소칼로에 활력이 넘친다. 광장을 에워싼 호박돌이 박힌 길에는 하얀 비틀 택시들이 맴돌며 손님을 내리고 태운다. 한 여성 상인이 곡예를 부리듯 밀짚모자를 겹겹이 쌓아 머리에 높게 쓰고 그 옆을 지나간다. 언뜻 보아도 열 개 넘게 쌓인 모자 탑은 자신의 무게에 눌려 척추처럼 휘어졌다. 그녀는 뻣뻣해진 목으로 균형을 잃지 않고 버티며 걸어간다.

'T.A.X.C.O'라고 조각된, 성인 키만큼이나 커다란 글자 조형물 앞에 가벼운 옷차림의 관광객들이 인증 사진을 담기 위해 줄을 섰다. 사진을 찍고 난 그들의 관심을 끌기 위해 목걸이, 팔찌, 가방, 신발 등 다양한 수공예품들을 어깨에 메고 팔에 건 원주민 상인들이 기다린다. 매장량의 고갈로 광산이 쇠퇴한 탁스코는 이젠 은세공으로 세계적인 명성을 얻고 있다. 더불어 멕시코의 다른 도시와 마찬가지로 수공예 또한 유명하다. 거리를 돌아보면 한 집 건너 번갈아 가며 번쩍이는 은세공품 가게와 앙증스러운 수공예품 가게가 나타난다.

"오우! 형님."

알렉스가 능글맞게 웃으며 다가와 나를 불렀다. 기특하게도 내가 알려 준 우리말 호칭을 잊지 않고 있다. 소칼로 소경에 한눈을 팔고 있던 나도 화들짝 놀라며 손을 들고 답한다.

"안녕, 알렉스."

"나 너 안에서 봤어."

"그랬구나, 나도 안에서 널 보고 예배가 끝나기만을 여기서 기다리는 중이었어."

"정말?"

"응, 그런데 너 성당에서 참 진지하더라."

"진지? 그게 무슨 말이야?"

"으음, 그러니까…. 네가 기도를 열심히 한다는 의미의 단어야."

알렉스는 영어로 의사소통하는 데 어려움이 없다가도 간혹 기본적인 단어를 모르거나 헷갈리는 경우가 있었다.

"아하! 맞아. 나 열심히 기도해."

호리호리한 알렉스가 볼에 주름을 새기며 말했다.

"알렉스, 근데 너 오악사카로 간다고 하지 않았어?"

"응, 비행기 문제로 일정을 바꿨어. 너를 다시 만나고 더 좋네. 하하하…."

"그러게, 잘됐다. 하하하…."

우리는 서로를 바라보며 반갑게 웃었다.

"배고프다. 우리 점심 먹으러 가자."

나의 제안에 알렉스가 답한다.

"좋아, 가자."

알렉스가 맛있는 음식점을 알고 있다며 앞장선다.

예수그리스도 기념비가 양손을 벌리고 선 전망대에서 타고 온 택시는 알렉스와 나를 유서 깊은 한 호텔 앞에 내려놓는다. 우리는 호텔에서 운영하는 광산 투어에 참여하려고 한다.

산벼랑에 하얗게 기운 이 도시 아래로 수많은 굴이 뚫려 있다. 탁스코에서 건물을 세우려 굴착공사를 하다 보면 뜻하지 않게 고대 유물처럼 묻혀 있는 광산을 발굴하게 된다. 호텔은 그렇게 캐낸 광산을 체험관으로 만들어 관광객을 유치하고 또한 그들에게 은세공품도 팔며 부수입을 올리고 있다.

나무틀과 거울을 이용해 활짝 편 공작새 꼬리처럼 치장한 호텔 정문으로 알렉스와 내가 들어선다. 로비는 좁은 탁자, 의자, 수납함 등 옛것들로 꾸며져 고풍스럽다. 관광객들의 광산 체험으로 북적거릴 것 같았지만 호텔 내부는 나른하리만치 조용하다.

"올라."

프런트의 직원이 밝게 웃으며 인사했다.

"올라."

직원의 눈길이 나를 향하고 있어 알렉스를 제치고 내가 인사했다. 그리고 묻는다.

"이곳에서 광산 투어가 있다고 들었습니다. 지금 가능한가요?"

"네, 물론입니다."

직원은 기다렸다는 듯이 명함 크기의 입장권 두 장을 우리에게 주며 말한다.

"300페소입니다. 광산 투어가 끝나면 호텔 바에서 칵테일 한 잔을 제공합니다."

입장권을 한 장씩 나눠 든 알렉스와 나는 직원이 안내한 대로 계단 옆으로 난 통로로 향한다. 나무 벤치에 투숙객으로 보이는 노년의 부부가 앉아 담소를 나눈다. 벤치 뒤 넓은 창문도 현관문과 같은 모양의 틀이다. 이리 보면 화려한 공작 꼬리 같지만 저리 보면 소박한 부챗살 같기도 하다. 세로로 둥그렇게 펼쳐진 창을 통해 내려온 하얀 햇살이 부부의 굽은 등에 수북이 쌓인다. 볕을 마다하는 긴소매 셔츠 차림의 남편과 달리 민소매를 입은 부인은 햇빛을 즐기는 것 같다. 하지만 서로를 바라보는 얼굴은 똑같이 여유롭고 온화하다. 통로를 지나자 또 다른 로비가 나온다. 창가에 커다란 마차가 전시되어 있다. 실내로 들어온 마차는 밖에서 보던 것보다 훨씬 더 크게 느껴졌다. 건너편 벽에 십자가에 못 박힌 예수상이 높이 걸렸다. 그 아래 설치된 벽난로 오른쪽에 광산이라고 쓰인 작은 문이 보인다. 문은 지하로 내려가는 계단으로 이어진다. 굽이굽이 돌아가는 계단 양쪽 벽에는 열수 광상(지열 또는 마그마 관입으로 만들어진 고온의 열수에 녹아 있던 유용 광물이 침전하여 형성되는 지하자원)을 대표하는 금속들인 금, 은, 아연, 주석, 텅스텐 등의 광석들이 조명을 받으며 전시되었다.

동굴의 쿰쿰한 냄새가 밴 선선한 바람을 느낄 때쯤 주황색 조끼에 흰 헬멧을 착용한 남성이 나타나 우리를 맞이한다.

"안녕하세요. 저는 광산의 가이드 카를로스입니다."

나에게 영어로 인사한 카를로스는 알렉스가 스페인어로 길게 농 섞인 인사말을 건네자 화색을 띤다. 그러고는 다소 과한 표정과 몸짓을 섞어가며 알렉스와 대화를 이어간다. 영어로 관광객을 맞이하는 것이 그에게는 불편했던 모양이다. 이후 카를로스는 나에게 가끔 배려의 눈길을 주지만 입에서는 참았던 스페인어가 줄기차게 터져 나왔다. 간간이 알렉스가 영어로 카를로스의 안내를 통역해 준다.

알렉스와 나도 카를로스와 같은 조끼와 헬멧을 착용했다. 그리고 어두운 통로를 지나 광산으로 내려가는 엘리베이터에 올랐다. 훤히 뚫린 엘리베이터의 천정으로 철제빔이 박힌 누런빛의 암벽이 수직으로 울퉁불퉁하게 서 있다. 카를로스가 옆에 달린 버튼을 누르자 거칠고 큰 모터음과 함께 엘리베이터가 천천히 아래로 내려간다.

"10m를 내려가야 한다네."

알렉스가 말했다. 그리고 카를로스와 다시 대화한다.

엘리베이터에서 내리니 갱도가 바로 나타난다. 제법 큰 규모의 광산이다. 철제 계단을 따라 내려가면서 랜턴을 든 카를로스의 설명이 이어진다. 물론 스페인어였다. 몇 개 들리는 단어를 조합하니 암벽에 드러난 조암광물에 대한 설명이다.

"금, 은과 함께 많은 돌이 있다고 그녀가 말했어."

알렉스가 카를로스의 긴 설명을 한 문장으로 함축해서 통역한다. 게다가 중년 남성인 카를로스를 그녀라고 지칭하는 알렉스의 실수가 귀엽게 느껴졌다. 계단을 비추던 카를로스의 랜턴 빛이 오른쪽 암벽을 향한다. 그곳에는 주변의 누런색과는 다른 회색의 암석이 도드라져 있었다. 마치 여인이 누워 있는 형상과도 같다.

"우와! 성모 마리아상."

알렉스가 손가락으로 가리키며 외친다. 그러고 보니 산타 프리스카 성당에서 본 은상의 성모 마리아와 닮았다. 이어 알렉스가 카를로스의 말을 통역한다.

"신의 은총으로 만들어진 거라고 그녀가 말했어."

나는 눈이 점점 휘둥그레지며 뒤늦은 깨달음의 탄식을 입안으로 삼킨다. 그 이유는 어두컴컴한 암벽 사이로 드러난 마리아상이 아니었다. 알렉스를 동성연애자로 판단한 것이 잘못됐다는 생각이 들었기 때문이다. 이후 계속되는 투어에 나는 집중을 할 수가 없었다. 카를로스와 알렉스의 대화를 귀담아들으려 하지 않았다. 오로지 알렉스의 통역에서 잘못된 성별의 구분을 찾으려 할 뿐이었다.

산타 프리스카 성당과 예수그리스도 기념비가 좌우로 올려다보이는 호텔 수영장 옆 바에 알렉스와 나는 자리를 잡았다. 바에는 착암기와 수레 등 광부들의 채굴 장비들이 진열되어 있었다. 한 테이블은 특이하게도 가우초(남아메리카 초원 지대의 카우보이)들의 말안장으로 만든 의자들이 놓였다. 불편함을 감수하면서라도 한 번쯤은 앉고 싶을 만큼 의자는 매력적이다. 고되고 힘들지만, 항상 나를 성취의 희열로 유혹하는 배낭여행처럼…

잠시 후 점원이 다가와 우리 앞에 투어에서 제공되는 분홍빛 칵테일 한 잔씩을 내려놓는다. 차가운 유리잔에서 좁쌀만 한 물방울들이 자라나 송골송골 맺힌다. 나는 궁금하던 것을 알렉스에게 묻는다.

"알렉스! 아르헨티나에 두고 온 애인은 잘 있어?"

"어, 잘 있어. 오늘 아침에도 그가 전화해서 1시간 통화했어."

"그랬구나, 좋았겠다."

"응, 좋았지. 헤헤…."

"그런데 그가 남자야?"

나의 질문에 알렉스가 놀라며 답한다.

"어? 남자? 아니, 여자야."

"하하하…. 그랬구나, 너의 연인은 여자구나! 내가 오해했네."

웃으며 말하는 나를 보고 알렉스가 당황해하며 묻는다.

"왜 남자라고 생각했어?"

"네가 너의 연인을 지칭할 때마다 '그녀(she)'가 아니라 '그(he)'라고 말했거든."

우리가 처음 만나 이런저런 이야기를 나눌 때, 알렉스는 자기 연인을 언급하며 '그'라고 지칭했다. 그리고 그녀의 이름 또한 일반적인 여자의 이름은 아니었다. 더구나 여자의 가족들이 둘의 만남을 처음에는 완강히 반대했다고도 했다. 그때 나는 알렉스가 동성연애자라고 넘겨짚었다. 그러고는 알렉스가 불편해할지도 모른다는 생각에 그의 연애사에 관해 더는 묻지 않았다.

"우하하하…. 그랬구나."

알렉스가 크게 웃으며 답했다. 그리고 말을 이어간다.

"'그녀'와 '그'는 어려워. 헤헤…."

"그럴 수 있어. 원어민조차도 부엌(kitchen)과 닭(chicken)을 바꿔 말하는 경우가 있는데 뭐. 하하하…."

나는 베트남 여행에서 만난 호주인 부부의 말실수를 소환하여 알렉스의 말에 맞장구치며 행여나 소침해질 것 같은 그를 두둔했다. 칵테일 잔에 맺힌 큰 물방울 하나가 주르륵 흘러내린다. 잔의 주둥이에 고춧가루가 발라져 있는 것이 이제야 눈에 들어온다. 예전 광산의 인부들이 즐겨 마셨다는 '광부의 칵테일'이다. 알렉스와 나는 잔을 들어 가볍게 부딪친다. 매운 첫맛의 뒤를 따라 달콤함에 숨겨진 알코올의 묵직함이 목 너울을 차갑게 적신다. 우리는 카메라를 바꿔 들어 서로의 작품을 감상하며 사진과 여행에 관한 이야기로 한참을 보낸다.

"이제 시장으로 가 볼까?"

알렉스가 작은 기지개를 켜며 말했다. 나는 양손으로 의자 팔걸이를 잡고 앞으로 빠졌던 엉덩이를 들어 올려 고쳐 앉으며 말한다.

"좋아, 가자."

배낭을 주섬주섬 챙겨 나서는데 옆 테이블의 말안장으로 만든 의자에 연인이 앉아 있다. 둘은 말을 타는 동작을 하며 칵테일 잔을 들고 연신 키득대며 속삭인다. 나는 그들의 모습을 흘깃 보며 걷다가 다가오는 점원과 하마터면 부딪칠 뻔했다. 점원이 날렵하게 물러서며 손을 벌리고 묻는다.

"괜찮아요?"

"네. 당신도 괜찮아요?"

"네. 안녕히 가세요."

점원이 알렉스와 내게 인사하고 우리가 앉았던 테이블로 빈 쟁반을 들고 성큼성큼 걸어간다. 옆에서 지켜보던 커플이 그 광경이 재밌다는 듯이 깔깔대며 웃는다. 내가 그들에게 윙크해 인사하자 그들이 손을 들어 답한다. 그리곤 손뼉을 쳐대며 더 크게 웃는다. 마치 알렉스와 나를 커플로 여기고 비아냥대는 듯한 기분 나쁜 웃음이다. 나는 그들에게 해명하려다가 이것 또한 오해일 수 있다는 생각에 돌아선다. 설령 그것이 오해가 아니더라도 비웃음에 대한 설명은 오히려 우리가 아닌 그들의 몫이다.

작은 배낭을 멘 알렉스와 나는 호텔 정문을 나와 탁스코 재래시장으로 향한다. 해거름을 재촉하듯 노란색 가로등 불빛이 정겨운 탁스코의 골목을 밝히며 시장으로 깃들어 있다.

제3부

말리

M A L I

추행당한 몹티

아침 일찍 바마코에서 출발한 버스는 저녁이 돼서야 몹티에 도착했다.

수도 바마코에서 동쪽으로 약 640㎞ 떨어져 있는 몹티는 나이저강과 그 지류인 바니강이 합류하는 지점에 자리한다. 이 지리적 이점으로 도시는 일찍부터 말리에서 가장 큰 수상 교역의 거점이 되었다. 몹티를 성장시킨 나이저는 서아프리카의 젖줄로서 나일강, 콩고강에 이어 아프리카 대륙에서 세 번째로 긴 강이다. 나이저강은 서아프리카 왼쪽 끝에 있는 기니의 고원에서 발원하여 코앞에 있는 대서양이 아닌 북동쪽의 내륙으로 흐르는 긴 여정을 택한다. 강은 말리의 바마코, 몹티, 팀북투를 지나고 나면 남동쪽으로 방향을 튼다. 이어서 말리의 주변국인 니제르, 베냉, 나이지리아를 돌고 돈 후 대서양으로 흘러들어 4,180㎞의 대장정을 마무리한다. 나이저강의 이 길고도 고단한 여정 덕분에 많은 도시와 제국이 강 유역에서 건설되고 번영했다. 강은 지금도 수많은 삶이 끈끈하게 이어져 가는 탯줄이 되고 있다. 니제르와 나이지리

아의 국명은 이 괴연하고 성스러운 하천의 이름에서 유래되었다.

나는 버스에서 만난 미국 청년 콜린과 오토바이 택시를 하나씩 잡아타고 터미널을 빠져나와 배낭여행자들이 많이 찾는 게스트하우스로 향한다. 오래된 버스, 트럭, 자동차들과 많은 사람이 뒤엉켜 있는 거리를 힘겹게 빠져나온 두 대의 오토바이는 바니강 강변의 바람을 가르며 달려간다. 길어진 가로수 그림자의 끝이 햇살 부서지는 강물에 닿을 듯 말 듯 흔들린다. 해거름이 드리우는 강가에는 피나세(카누처럼 생긴 길쭉한 배)들이 옹기종기 모여 아직 남은 햇볕을 피하고 있다. 사하라의 거친 모래 폭풍을 헤치며 낙타 떼를 몰고 도착한 소금 상인들과 맹렬한 태양 아래 뗏목을 타고 굽이굽이 흘러 다다른 무역 상인들이 짐을 부리고 쉬었던 곳이다.

높은 천장 아래 좁게 나 있는 게스트하우스 로비의 한쪽 벽에 많은 배낭이 기대어 있다. 콜린에게 키를 내준 프런트 데스크에 직원이 내게 말한다.

"이젠 도미토리밖에 남아 있지 않네요."

옆에 있던 콜린이 내게 겸연쩍은 웃음을 지어 보인다. 나는 체념 섞인 목소리로 직원에게 말한다.

"어쩔 수 없죠. 주세요."

처음 경험해 보는 도미토리다.

1층에 있는 도미토리의 바닥은 황토가 깔려 있었고 각목으로 제작된 싱글 침대 7개가 다닥다닥 놓여 있다. 침대의 네 귀퉁이에 세워진 각목 기둥에 하얀 모기장이 쳐져 있다. 침대와 침대 사이에는 작은 나무 테이블이 하나씩 끼어 있다. 안쪽 다섯 자리에는 이미 짐이 놓여 있다. 나는 남아 있는 두 개의 침대 중 안쪽에 있는 침대에 배낭을 내려놓으며 옆 침대에서 짐을 풀고 있는 여성과 짧은 인사를 나눈다.

노을에 붉게 물든 루프톱 레스토랑에는 시원한 강바람이 불어오고 있었다. 나는 차가운 맥주 한 병을 주문하고 낮은 의자에 깊숙이 앉는다. 그리고 시선을 멀리 두어 바람을 맞는다.

모든 직장인이 그렇듯이 나의 여행 또한 항상 짧다. 그러다 보니 여행하는 내내 빡빡한 일정을 소화하고 숙소로 돌아올 때면 늘 녹초가 된다. 배낭을 멘 채 침대 위에 벌렁 누워 잠이 드는 경우도 부지기수다. 그런데도 나는 하루의 마무리를 늘 루프톱 레스토랑에서 한다. 고단한 몸을 추슬러 따뜻한 물로 샤워를 한 후, 옥상에 올라 노을 진 여행지의 풍경을 바라보며 마시는 맥주 한잔은 더할 나위 없는 청량한 행복이다. 이것은 내가 다음 여행을 꿈꿀 때마다 꼭 떠올리는, 그리고 기대하는 명장면 중의 하나이기도 하다.

그런데 홀로 떠나는 배낭여행은 기대만 있지 않다. 걱정도 반절이다. 지루한 일상을 떠나 만나게 될 새로운 세상에 대한 탐험의 기대는 항공권 예매를 시작으로 숙소, 교통편 및 일정들이 하나씩 맞춰지면서 한층 더 커지게 된다. 그런데 출발 날짜가 점점 다가오면서 들뜬 마음 한편에 이런저런 걱정이 스멀스멀 움트기 시작한다. 수십 시간을 좁은 의자에 묶여 가야 하는 비행길부터 외진 공항에서 숙소까지의 부족한 교통 정보도 마음에 걸린다. 우리 집 거실의 폭신한 가죽 소파와 그 앞에 걸린 화려한 대형 TV는 게스트하우스 로비의 딱딱한 나무 벤치와 건너편 벽에 걸린 색 바랜 지도로 바뀔 것이다. 안방의 넓고 안락한 침대와 편안한 베개가 아닌 청결이 의심되는 침대 시트와 누군가의 머릿기름 냄새가 밴 불룩한 베개에서 자야 할 것이다. 또한 배낭여행 중에 맞닥뜨릴 갖가지 돌발 상황을 스릴러 영화처럼 상상한다. 혹시 모를 안전사고, 질병, 범죄…. 이 모든 것을 혼자가 될 내가 감당해야 한다는 막막한 두려움이 밀려온다. 그럴 때마다 나에게 배낭여행을 지속 가능케 하는 치명적인 유혹들이 있다. 그중의 하나가 바로 일과 후 루프톱 레스토랑에서 들이켜는 시원한 맥주 한잔이다.

레스토랑 입구에서 콜린이 낯선 사람 셋과 함께 내 쪽으로 걸어온다. 콜린이 나에게 그들을 소개한다. 프랑스에서 온 백인 커플 소피와 네빌, 그리고 흑인 청년 바이이다. 그들은 몹티의 유명 여행 상품 중 하나인 도곤 트레킹(먼 옛날 도곤족이 지각변동으로 형성된 거대한 단층대인 반디아가라 절벽에 집을 짓고 사는 마을들을 둘러보는 도보 여행)을 같이할 동료들과 가이드다. 사실 몹티로 오는 버스에서 콜린과 나는 도곤 트레킹에 같이 참여해 보자고 얘기했었다. 그런데 콜린이 벌써 트레킹의 가이드와 동료를 섭외해 온 것이다. 우리는 서로 반갑게 인사를 나눴다. 그리고 트레킹에 대한 바이의 자세한 브리핑이 이어졌다. 기간은 3박 4일, 출발은 내일 아침이다.

어두컴컴한 도미토리로 돌아오니 비어 있던 내 왼쪽 침대에서 키 큰 서양 남자가 짐을 풀고 있다. 바닥에는 각진 가방 두 개와 검은 헬멧이 놓였다. 그는 자신을 네덜란드에서 온 요엘이라고 소개했다. 요엘은 오토바이로 아프리카를 석 달째 여행 중이며 지금은 사하라 남단에 있는 도시 팀북투에서 오는 길이라고 한다. 내가 가 보고 싶었지만, 짧은 여행 일정으로 인해 포기할 수밖에 없었던 도시 팀북투다. 그곳에서는 지금 유명한 음악 축제가 열리고 있다. 나는 침대 끝에 앉아서 가방에서 옷가지를 꺼내는 요엘에게 묻는다.

"이야. 이번 여행에서 가 보고 싶었던 팀북투였는데…. 당신이 부럽네요. 당연히 음악 축제는 봤겠죠?"

"물론이죠."

"어땠어요?"

"환상적이고 놀라웠죠."

라이더 복장의 요엘이 대답했다. 우리는 오토바이 여행에 관해서도 몇 마디 나눴다. 잠시 후 짐 정리를 끝낸 요엘이 저녁을 먹겠다며 방을 나간다. 나는 피곤한 몸을 좁은 침대에 누인다. 무거운 몸이 녹아내려 하얀 침대보 위로 넓게 퍼진다.

누군가 내 손을 잡은 것 같아 문득 잠에서 깬다. 나는 왼쪽 옆구리를 깔고 모로 누워 어깨에 눌린 왼팔을 앞으로 뻗고 있었다. 좁은 매트리스로 인해 팔꿈치부터는 매트리스 바깥으로 나가 있었고 누군가 모기장을 들추고 그 손을 만지작거리고 있던 것이다. 초점이 돌아와 어둠 속을 살피니 요엘이 비실거리며 웃고 있다. 나와 눈이 마주친 요엘이 잡은 손을 놓더니 자기에게 오라는 손짓을 한다. 그의 옴지락거리는 손가락들이 마치 시커멓게 기어가는 돈벌레 몸통에서 바글바글 돋아난 다리 같다. 잠이 확 깬다. 그리고 화가 치밀었다. 나는 오른손을 들어 요엘의 손을 후려치며 소리친다.

"뭐 하자는 거야?"

요엘이 기다란 팔을 접어 돌아눕는다. 나도 오른쪽으로 휙 돌아누웠다.

'지금 당장 일어나 사과를 받아야 하나?'

'프런트에 신고할까?'

'저놈이 또 내 몸을 더듬지는 않을까?'

오만가지 생각을 하던 나는 약에 취하듯 다시 잠이 들어 버렸다.

다음 날 아침, 지저귀는 새소리에 눈을 뜬다. 익숙하지 않은 천장 모습에 여기가 어딘지 몰라 순간 당황한 나는 아프리카에 와 있다는 사실을 뒤늦게 깨닫는다. 그리고 지난밤에 불쾌했던 일도 떠오른다.

'지금이라도 사과를 받아야겠다.'

나는 눈을 매섭게 뜨고 요엘의 침대를 향해 고개를 돌려 쏘아본다. 그런데 놈의 침대가 텅 비어 있다. 나는 창피스러웠던 그가 꼭두새벽부터 부랴부랴 짐을 싸서 도망치듯 떠났을 것으로 추측했다. 꼴도 보기 싫었는데 잘됐다 싶다가도 치우지도 않고 제멋대로 떠난 놈이 싸질러 놓은 만행에 서서히 분노가 끓어오른다.

젠네로 가는 길

　게스트하우스에서 체크아웃하며 돌려받은 여권을 펼친다. 그리고 주모로코 말리대사관에서 발급받은 비자를 내려다본다. 스탬프로 눌러 찍은 파란색 표에는 검은 펜으로 갈겨쓴 숫자들이 메꿔져 있다. 비자 왼쪽 귀퉁이에 1,000세파프랑(CFA, 말리의 화폐단위)짜리 수입인지가 달싹 붙었다. 인지에는 녹색의 기하학적인 문양과 함께 모스크 모양의 심벌이 그려져 있다. 나는 엄지손가락으로 인지 속에 작은 모스크를 펴 바르듯 쓰다듬는다. 나를 이 머나먼 서아프리카의 말리까지 오게 만든 그 모스크, 내가 그토록 보고 싶어 했던 세상에서 가장 크고 아름다운 진흙 모스크, 젠네의 대모스크이다.

　수년 전 나는 가족들과 함께한 제주도 여행에서 아프리카 박물관을 방문했었다. 그런데 박물관의 외관이 일반적인 모양이 아니었다. 바게트 여러 개를 붙여 세운 것 같은 건물의 형태와 색깔, 선인장 가시처럼 벽에 자글자글 박힌 나무 막대기들, 그렇지만 어디선가 본 듯한 정감 있는 모습은 나의 시선을 단번에 사로잡았다. 나는 직원에게 건물에 관해 물어보았다. 직원은 서아프리카 말리의 한 작은 마을에 있는 진흙 모스크를 모티브로 박물관을 지은 것이라고 알려 줬다. 이후에 나는 그것이 젠네의 진흙 모스크라는 것을 알아냈고 그 앞에 설 순간만을 손꼽아 기다려 왔다. 그리고 지금, 나는 오매불망 그리던 모스크가 있는 젠네로 출발하려 한다.

젠네로 가는 버스는 몹티의 메인 터미널이 아니라 외곽에 있는 작은 터미널에서 출발한다. 출발 시간은 아침 10시다. 그러나 시간에 맞춰 나갈 필요는 없다. 아프리카의 버스가 제시간에 출발하는 경우는 매우 드물기 때문이다. 승객이 꽉 찰 때가 출발 시간이다. 그러다 보니 다음 날까지 출발을 못 하는 경우도 왕왕 있다. 일찍 나가 봐야 속절없이 기다리기만 할 뿐이다. 단 하나 장점이 있다면 그것은 좋은 자리를 선점할 수 있다는 것이다.

나는 게스트하우스에서 잡아 준 오토바이 택시를 타고 가면서 버스가 오늘 안에는 떠날 수 있기를 기도한다. 사하라에서 밀려온 마른 바람을 달려 오토바이는 10시가 조금 안 돼서 터미널에 도착했다. 마을 끝에 있는 터미널은 상상한 만큼이나 작았다. 넓지 않은 앞마당에 단층 건물 하나가 달랑 붙어 있다. 공터에는 다양한 크기와 형태의 승합차들이 들어차 있다. 각기 다른 승합차들의 공통점이 있다면 모두 외관이 성치 않다는 것이다. 칠이 여기저기 벗겨진 외부 철판은 녹슬고 구겨져 있다. 닳고 닳은 타이어 바닥에는 한 줌의 물도 머금을 수 없을 만큼 얕은 홈이 남아 있다.

나는 젠네로 가는 버스 티켓을 끊기 위해 사무실로 들어간다. 터미널이라면 흔히 볼 수 있는 창구는 따로 없다. 목적지에 따라 놓인 몇 개의 테이블에서 버스 티켓을 파는 듯 보였다. 나는 문 옆 벽에 기대선 타키야를 쓴 남성에게 묻는다.

"젠네?"

남성이 한 테이블을 가리킨다. 나는 그가 가리킨 테이블로 다가가 다시 묻는다.

"젠네?"

금테 안경을 쓴 직원이 프랑스어로 뭐라고 얘기를 한다. 옆에서 내가 알아듣지 못한다는 것을 알아챈 흰 와이셔츠를 입은 청년이 말한다.

"정원이 다 찼답니다. 대기 명단에 이름을 올려놓고 기다렸다가 자리가 나지 않으면 내일 출발하는 버스를 타야 해요."

당황한 나는 되묻는다.

"정말이요? 아직 출발 시간 전인데 벌써 찼다고요?"

"어제 정원이 차지 않아 출발하지 못했나 봐요. 그게 벌써 찬 이유예요."

청년이 말했다. 내일 출발하는 버스를 타게 되면 그토록 고대하던 젠네에서 하루밖에 머물지 못하게 된다. 바마코행 버스가 젠네에서 새벽에 출발하는 것을 감안하면 젠네를 돌아볼 수 있는 시간은 반나절 남짓이다. 더군다나 버스가 내일 출발한다는 보장도 없다. 지금, 이 버스처럼 하루를 더 기다려 모레 출발할 수도 있는 일이다. 장거리 택시를 잡아타고 가야 할 것 같다. 불현듯 어제 점심 식사 자리에서 콜린과 벌인 작은 언쟁이 생각난다.

3박 4일의 힘들었지만 아름다웠던 도곤 트레킹을 마치고 우리는 몹티로 돌아왔다. 늦은 점심을 먹기 위해 트레킹을 같이한 소피와 네빌, 그리고 콜린과 함께 숙소 근처의 허름한 식당에 들렀다. 우리는 트레킹에서 주로 먹었던 생선 수프와 밥을 주문하고 앞으로의 각자 일정에 관해 이야기를 나눴다. 나와 콜린의 일정은 다음 날 젠네를 방문하는 것이다. 콜린은 택시를 전세해서 당일치기로 젠네에 갔다가 다시 몹티로 복귀하는 일정이고, 나는 로컬버스를 타고 젠네로 가서 2박을 하고 바마코로 가는 일정이다. 콜린은 택시를 이미 예약해 놨다며 나에게 택시를 같이 타고 가자는 제안을 했다. 그러면서 택시비 120,000 세파프랑을 반 나누어 60,000세파프랑씩을 각자 내자고 한다. 내가 고개를 갸우뚱하며 의아한 표정을 지으니 듣고 있던 네빌이 참견한다.

"허는 갈 때만 택시를 타고 너는 다시 돌아올 때도 탈 거니까, 콜린 네가 더 내야 하는 거 아냐?"

이에 콜린이 말한다.

"다시 돌아오지 않는 건 허의 선택이니까 택시비를 반씩 내는 게 맞다고 생각해."

콜린의 계산법에도 타당함은 있었지만 그대로 수긍하기에는 어려웠다.

"맞아. 나도 네빌과 같은 생각이야. 나는 편도고 너는 왕복이잖아. 그러니까 네가 더 내야 할 것 같은데?"

"돌아올 수 있는데도 돌아오지 않는 건 네가 선택한 거잖아. 그러니까 택시비는 반씩 내는 게 옳다고 난 생각해."

콜린은 본인의 계산식을 고칠 생각이 추호도 없어 보였다. 이에 내가 말한다.

"나는 로컬버스를 체험해 보고 싶기도 하고 또 젠네에 며칠 머물면서 찬찬히 둘러보고 싶어. 난 원래 계획대로 버스를 타고 갈게."

"그 작은 마을에 뭐 볼 게 있다고 며칠씩 머무르려는지 이해가 되지 않네. 반나절이면 다 둘러볼 수 있는 쪼그만 마을인데…. 정말 이해가 안 되네."

콜린이 입을 씰룩이며 비아냥대듯 말했다. 그런 콜린의 태도가 탐탁지 않았던 나는 상한 기분을 삭이며 말한다.

"너와 나의 여행은 서로 달라. 그리고 다른 사람의 여행을 함부로 판단하려 하지 마."

테이블 위에 한동안 침묵이 흘렀다.

"오늘 오후에는 뭐들 할 거야? 나와 네빌은 시장 구경을 할 건데…."

소피가 화제를 돌린다.

"콜린과 바니강 피나세 투어를 하기로 했어."

내가 말했다. 콜린이 고개를 끄덕인다. 멈췄던 우리의 대화가 다시 이어진다. 그러나 콜린도 나도 젠네와 관련된 이야기는 그 이후로 한

번도 꺼내지 않았다.

택시를 타고 젠네로 가고 있을 콜린의 비웃는 표정이 떠올랐다. 일단 나는 승객 명단에 이름을 올려놓기로 한다. 이마에 땀이 송골송골 맺힌 금테 안경의 직원은 내가 배낭 운임까지 포함한 2,500세파프랑을 건네자, 장부 아래쪽에 내 이름을 적는다. 옆에 청년이 장부에 쓰인 명단을 보고 나에게 일러준다.

"대기 순번이 두 번째네요."

"고마워요."

친절하게 미소 짓는 청년에게 내가 답했다. 버스 티켓은 따로 발부되지 않았다. 근처에서 기다리고 있으면 자리가 날 때 내 이름을 부를 거라고 청년이 덧붙여 알려 준다.

젠네로 가는 차량은 건물 바로 옆에 서 있던 흰색의 15인승 미니버스이다. 다른 차들과 마찬가지로 이곳저곳에 칠이 벗겨져 녹이 슬었다. 지붕에는 많은 짐을 실을 수 있도록 루프 랙이 넓게 올려졌다. 루프 랙에는 이미 많은 짐이 불룩하게 쌓였다. 뒷문에 달린 사다리를 이용해 십 대 후반으로 보이는 어린 청년이 땀을 뻘뻘 흘리며 지붕 위로 짐을 들어 올린다. 그러면 지붕 위에 우뚝 선 중년 남성이 그 짐을 받아 쌓인 짐 위에 또 쌓는다. 버스 앞면에는 숫자 207이 노란색으로 크게 쓰여 있었고 그 아래 라디에이터 그릴에는 값비싼 독일 차 메르세데스 벤츠의 엠블럼이 붙어 있다. 서아프리카에서 가장 많이 볼 수 있는 자동차 브랜드이다. 도심지의 복잡한 도로에서도 시골의 한적한 도로에서도 오가는 차의 절반 이상은 이 마크를 달고 있다. 우리나라에서 건너온 차들도 간혹 보인다. 지나가는 낡은 버스에 한글로 써진 익숙한 서울의 동네 이름을 발견하게 되면 반가운 마음에 시선을 떼기가 쉽지 않다. 그럴 때마다 두고 온 나의 일상은 마치 다른 사람의 인생인 양 생소하게 느껴진다. 심지어 내 가족들까지도….

'다들 별일 없이 잘 있겠지?'

그런데 서아프리카에 벤츠가 많이 돌아다니는 건 이들이 고급 외제차를 선망해서가 아니다. 저 멀리 아시아에서 수명을 다한 현대를, 토요타를 가져와 타는 건 이들이 가난해서가 아니다. 사하라 모래언덕같이 무거운 삶의 무게를 흠뻑 젖은 어깨로 버텨내기 위해서이다. 나이저강같이 고단하고 긴 삶의 여정을 질긴 생명력으로 살아내기 위해서이다. 이들의 삶에 대한 애착이 그 누구보다도 크고 간절하기 때문이다.

나는 버스 뒤편에 배낭을 바닥에 내려놓고 서서 내 이름이 불리기를 기다린다. 지붕 위에 차곡차곡 쌓인 짐들을 어린 청년이 밧줄로 얼기설기 묶기 시작한다. 버스 안은 이미 사람들로 빈틈없이 들어차 있다. 양쪽 창가에 부착된 좁고 긴 나무판에 사람들이 줄지어 앉았고 기존 좌석이 모두 제거된 바닥에도 빼곡히 앉았다. 좌우로 활짝 열린 버스 뒷문 쪽 나무판에 앉아 있던 동양인 중년 커플과 나의 눈이 마주친다.

"안녕하세요."

차 아래로 뛰어내린 남성이 다가오며 말했다.

"안녕하세요. 일본인인가요?"

나는 물었다.

내가 남자의 국적을 곧바로 지목할 수 있었던 이유는 말리를 여행하면서 만났던 동양인 여행자는 모두 일본인이었기 때문이다. 현지 사람들도 그런 것 같다. 지나가는 나를 보면 종종 "재빼니, 재빼니" 하며 놀리듯 불러댄다. 다소 불쾌한 자극에 나는 즉각적인 반응을 보인다. 바로 '아니, 코리안'이라고 응수하는 것이다. 무시하고 지나갈 수도 있는데도 여지없는 반응을 보이는 이유는 정체성을 부정당하는 것에 대한 본능적인 방어기제의 작동이거나 어릴 적 국가주의로 세뇌된 한 배낭여행자 국위선양의 발로인 듯하다.

"네, 맞습니다. 일본인입니다."

"전 한국에서 온 허입니다."

"전 야마모토입니다. 반갑습니다."

버스에 타고 있던 여자가 다시 한번 가볍게 고개를 숙인다. 야마모토는 아내 유미와 함께 다섯 달째 세계여행 중이라고 했다. 그들은 젠네에 들렀다가 국경을 넘어 이웃 나라인 부르키나파소로 넘어간다고 한다.

"왜 버스에 안 타나요?"

야마모토가 물었다.

"승차 정원이 차서 대기 순번으로 빈자리를 기다리고 있어요."

"그렇군요. 우리는 어제 젠네로 가려고 여기 왔었는데 정원이 차지 않아서 버스가 출발하지 않았어요. 그래서 명단에 이름을 올려놓고 오늘 다시 나온 겁니다."

"그랬군요."

승객 명단을 작성했던 은테 안경의 직원이 사무실에서 나와 버스 위에 있는 청년과 뭐라고 대화를 나눈다. 그리고 열린 버스 뒷문으로 다가가 안쪽에 대고 장부의 명단을 보며 하나하나 호명한다. 버스 안쪽에서 사람들이 돌아가면서 대답한다. 호명을 끝내고 사무실 쪽으로 가려는 직원을 붙잡고 나는 손가락으로 나와 버스 안을 번갈아 가며 가리킨다. 탑승 가능 여부를 물은 것이다. 직원은 귀찮다는 표정으로 내 눈앞에 검지를 세워 좌우로 빠르게 젓고 사무실로 들어간다. 야마모토가 말한다.

"그냥 타요."

"저 사람이 안 된다고 하는데 어떻게 타요."

"여긴 아프리카입니다. 승차 정원은 무슨…. 그냥 타도 돼요."

야마모토가 바닥에 세워진 나의 큰 배낭을 들어 올리며 지붕 위에 청년을 부른다. 어린 청년은 무심하게 배낭을 받아 앞쪽으로 뒤뚱이며 이동한다. 그리고 밧줄을 힘겹게 들춰 내 배낭을 짐들 사이에 끼워 넣는다.

"버스 안에 자리가 없어 보여요."

내가 말했다.

"내 옆에 앉으면 돼요."

야마모토가 버스에 올라타며 말했다. 유미가 나무 널빤지 의자 안쪽으로 엉덩이를 들썩이며 넓힌 자리에 야마모토가 앉는다. 그리고 내 손을 잡아 끌어올린다. 엉덩이 반쪽만 걸칠 수 있는 좁은 널빤지였다. 더군다나 내가 앉을 끄트머리는 절반이 부러져 나가 폭이 한 뼘도 안 돼 보였다. 그렇지만 내게는 너무나도 고맙고 소중한 자리다.

버스가 시동을 걸자 녹슨 바닥 여기저기 뚫린 구멍으로 시커먼 연기가 스며 오른다. 버스 안쪽에는 내장재들이 하나도 부착되어 있지 않아 철판 속이 그대로 드러나 있었다. 승객 명단을 든 직원이 버스 뒤쪽으로 와서 버스 안을 살피다가 나를 발견한다. 들킨 내가 겸연쩍은 미소를 보이니 그가 별다른 표정 없이 돌아선다. 야마모토가 나를 보며 말없이 웃는다. 버스가 그르렁거리며 힘겹게 출발한다. 지붕 위에 있던 어린 청년이 내려와 내 옆에 끼어 서며 뒷문을 닫는다.

"안녕."

"안녕."

나의 인사에 그가 답했다. 잠시 후에 내가 묻는다.

"나는 허입니다. 당신의 이름은 뭐예요?"

"아메드."

앳된 아메드가 웃으며 대답했다.

터미널을 출발한 버스는 고속도로를 타기 전에 대여섯 번을 멈춰 사람들을 뒷문으로 내려 주고 태운다. 아메드는 차가 달릴 때면 왼쪽 뒷문에 달린 사다리에 매달려 바람을 맞으며 땀을 식히다가 정차하면 사다리에 매달린 채 오른쪽 문을 여닫으며 승객들의 승하차를 돕는다. 사다리에 매달려 가는 아메드가 위험해 보였지만 한편으로는 덥고 비좁은 차 안보다는 좋은 선택이라고 나는 생각했다. 마땅히 둘 곳 없는 시선을 발 앞에 난 구멍 속으로 집어넣는다. 희뿌연 아스팔트가 눈보다 빠르게 흘러간다. 버스가 가속할 때마다 메스꺼운 그을음이 그곳으로 역류한다. 나는 목에 둘렀던 머플러를 풀러, 쓰고 있는 헐거운 종이 마스크 위로 겹겹이 동여맨다.

버스가 몹티와 바마코를 잇는 고속도로를 거친 엔진음을 내며 달린다. 고속도로는 2차선 너비의 차선 없는 포장도로지만 곧게 뻗어 있다. 내린 사람이 더 많았는지 출발할 때보다 버스 안은 여유로워졌다. 바닥에 앉아 있는 사람들 사이로 플라스틱 버킷과 그릇들, 양은솥, 싸리 빗자루, 종이 상자 등이 그제야 보인다. 나는 안고 있던 배낭을 무릎 앞에 내려놓고 버스가 풀어놓는 길을 보기 위해 뒷문 창으로 고개를 돌린다. 그런데 조금 전까지 사다리에 매달려 있던 아메드가 보이지 않는다. 차 안 어디에도 없다. 나는 혹시 떨어진 건 아닌지, 아니면 어딘가에 매달려 사투를 벌이고 있지는 않을까 하는 걱정에 바깥을 샅샅이 살핀다. 그러다가 아스팔트 위에서 그를 발견한다. 바닥에 깔려 빠르게 따라오는 버스 그림자에 아메드의 형상이 붙어 있던 것이다. 나는 창에 오른쪽 이마를 대고 눈동자를 들어 올린다. 루프 랙 끝에서 내려온 아메드의 맨발이 위에서 덜렁인다. 지붕 위에 앉은 그의 시야를 상상해 본다. 사다리에 매달렸을 때보다 한결 편안하고 시원한 풍광이 그려진다.

　내 앞 바닥에 앉아 있던 검은 러닝셔츠를 입은 청년의 안색이 계속 안 좋아 보인다. 차멀미를 심하게 하는 것 같다. 옆에 앉은 엄마로 보이는 중년 여성이 힘들어하는 청년의 손을 꼭 잡고 있다. 버스 안의 열악한 환경은 세 명의 배낭여행자는 물론 현지인들에게도 녹록지 않아 보인다. 모두 지쳐 가는 기색이 역력하다. 러닝셔츠의 청년에게 줄 만한 봉지가 있는지 배낭을 열고 찾아봤지만, 마땅한 게 없다. 그때 청년이 다급한 듯 뒤돌아 뒷문을 열려고 한다. 그렇지만 열리지 않는다. 아메드가 밖에서 걸쇠로 잠근 듯했다. 내가 뒷문을 두드려 지붕 위의 아메드를 불렀지만, 길 위에 드리워진 그의 그림자는 움직임이 없다. 청년은 결국 내장재가 제거된 뒷문 철판 속 빈 곳에 자신의 불편한 속을 게워 냈다. 사람들은 안쓰러운 표정으로 그저 바라보기만 한다. 배낭에서 티슈를 꺼내어 건네니 청년이 조금은 편안해진 얼굴로 나를 바라보며 받는다. 엄마의 가슴에 청년이 눈을 감고 기댄다. 엄마는 말없이 청년의 등에 손을 얹는다. 그 옆에 앉은 여동생으로 보이는 소녀가 청년의 어깨를 쓰다듬는다.

　말리로 오기 전, 비자를 받기 위해 모로코의 관문 카사블랑카에서 말리대사관이 있는 라바트로 기차를 타고 가는 중이었다. 겨울임에도 불구하고 차창 밖 북아프리카의 풍광에는 푸르름이 남아 있었다. 들판을 내달리던 기차가 느려지는가 싶더니 작은 역으로 서서히 들어설 무렵, 여행자의 계절감을 마저 상실케 하는 일이 벌어졌다. 플랫폼에

드문드문 오렌지 나무가 심겨 있던 것이었다. 초록으로 풍성한 나뭇잎들과 그 틈 사이로 열린 오렌지의 빛깔이 서로를 진득하게 강조했다. 겨울비가 흩뿌린 직후의 차갑고 습한 날씨 때문인지 둘의 대조는 더욱 선명해 보였다. 그런데 그것은 어디선가 본 듯한 형색의 조화였다. 차창 밖으로 세 번째 오렌지 나무가 지나갈 때쯤, 나는 쪽빛 제주 바다에 떠 있는 노란 테왁을 생각해 냈다.

달처럼 둥근 테왁을 출렁이는 물결에 닻 삼아 걸어 놓고 어두운 물속으로 뛰어드는 해녀들…. 물개의 살가죽같이 번들거리는 검은 해녀복, 조여진 얼굴을 동그랗게 덮은 외계인처럼 튀어나온 수경, 거친 바닥을 후벼 팔 갈고리, 이 모두가 테왁 하나를 의지해 검푸른 바다 깊숙이 자맥질한다. 그렇다면 지구를 부단히 표류하는 위험한 배낭여행에서 나의 테왁은 무엇인가? 그것은 어젯밤 수화기 너머에서 전해진 가족의 지지와 안부, 그리고 존재이리라. 거칠고 메마른 서아프리카를 살아가는 이 청년의 테왁도 나와 다르지 않을 것이다. 그리고 그런 그를 보듬는 젊은 엄마와 어린 여동생의 테왁도….

잠시 후 뒷문 아래로 청년의 토사물이 새어 나와 쪼리를 신은 내 발 바로 옆까지 흘러온다. 발을 옮겨 피할 공간은 따로 없다. 버스 안에 역한 냄새 하나가 추가된다. 나는 배낭에서 티슈 한 장을 꺼내어 그 위에 조심스레 덮었다.

젠네 사거리에서 십여 분간 정차한 버스는 간이음식점에서 요기한 승객들을 다시 태우고 오른쪽으로 갈라지는 고속도로(RN34)로 방향을 잡는다. 달려왔던 고속도로(RN6)보다 도로 사정이 좋지 못하다. 말이 고속도로지 곳곳이 패어 울퉁불퉁하다. 마치 옛날 우리네 시골의 장마 후 신작로 같다. 한 시간여를 달린 버스는 넓게 트인 바니강 강가에 도착했다. 아메드가 뒷문을 열어주자, 승객들이 짐을 그대로 놔둔 채 감옥에서 풀려나듯 한숨을 내쉬며 내리기 시작한다. 나와 야마토 부부도 따라 내린다. 야마토가 말한다.

"강을 건너야 하는데 다리가 놓여 있지 않아 바지선을 이용한대요."

선착장에는 이미 수십 명의 사람과 오토바이, 말과 마차, 그리고 자동차들이 강을 건너기 위해 바지선을 기다리고 있다. 버스에서 내린 승객들은 신선한 강바람을 맞으며 환한 얼굴로 오순도순 모여 미뤘던 대화를 나눈다. 야마토와 유미는 석 달 뒤 일본으로 귀국하기 전에 한국에 들른다고 했다. 그때 꼭 만나자며 우리는 연락처를 서로 주고받았다.

건너편을 다녀온 바지선에 자동차들이 먼저 승선한다. 그리고 말과 마차, 오토바이와 사람들 순으로 그 뒤를 따라 오른다. 유유히 흐르는 바니강을 바지선이 네모난 물살을 일으키며 가로지른다. 저 멀리 강가에 두루미 한 마리가 흰 날개를 가슴 앞으로 모아 바삐 퍼덕이며 내려앉는다. 그 앞으로 강물에 긴 몸을 맡긴 피나세 한 척이 한가로이 흘러간다.

바니강은 말리에서 나이저강에 이어 두 번째로 긴 강이다. 젠네는

망류 하천인 바니강이 만들어낸 지형 중 만곡부에 있다. 기원전 200년쯤에 처음 마을이 형성되었고 9세기에 사하라의 교역상에 의해 도시로 발전했다. 젠네는 바니강을 통해 팀북투와 연결되어 금과 소금의 중계항으로 번성했다. 그러다가 나이저강과 바니강이 만나는 곳에 자리한 몹티가 교역의 중심지로 새롭게 떠오르면서 젠네는 쇠퇴했다.

나이저강이 퇴적지에 돌 부스러기를 부려놓는 모래의 강이라면 바니강은 고운 점토를 쌓아 놓는 흙의 강이다. 젠네는 그렇게 쌓인 흙을 개어 만든 진흙의 도시이다. 나를 매료시켜 여기까지 오게 한 젠네의 대모스크 또한 진흙으로만 만들어진 이슬람 사원으로서 천 년 전에 세워졌다. 흙벽돌을 쌓아 짓는 어도비 건축양식의 건축물 중 가장 크다. 모스크 전체 바닥의 넓이는 약 80㎡이고 높이는 50m에 달한다.

젠네 모스크의 큰 특징 중의 하나인, 외벽에 튀어나와 있는 야자수 목재들은 흙벽이 무너지지 않게 지탱하는 보의 역할을 하며 외벽 보수 공사를 할 때는 발판으로 이용되기도 한다.

　강 건너 저편, 바니강의 바람이 닿는 곳에서 세계 최대의 진흙 모스크가 찬란한 위용을 뽐내며 장엄하게 빛나고 있을 것이다.

죽을 뻔한 젠네

진흙 모스크 동쪽 벽 앞 넓은 공터가 버스의 종점이었다. 광장은 하루 앞둔 월요시장을 맞을 준비에 한창인 사람들로 분주했다. 버스에서 내린 승객들은 루프 랙 위에 서 있는 아메드를 올려다보며 모인다. 자신의 짐을 아메드에게 내려받은 사람들이 뿔뿔이 흩어진다.

"고마워요. 안녕!"

배낭을 받아 든 내가 손을 흔들어 아메드에게 인사한다. 그가 수줍게 웃으며 손을 흔든다.

나는 배낭을 잠시 내려놓는다. 그리고 흙먼지 날리는 광장 끝에 신기루처럼 떠 있는 모스크를 한동안 넋을 잃고 바라본다.

'드디어 내가 여기에 서 있구나!'

그렇지만 그토록 그리던 모스크로 한걸음에 달려가기엔 몸과 배낭이 너무 무겁다. 칼칼한 목을 헛기침으로 돋우자, 숯덩어리 가래가 한 움큼 나온다. 벗은 마스크는 검게 그을려 있다. 나는 배낭을 힘겹게 둘러메고 광장 뒤쪽에 있는 숙소로 향한다.

작은 중정을 둔 모로코 전통가옥 형태의 숙소는 모스크 앞 정경과는 사뭇 달라 인기척 하나 없이 조용하다. 주인장이 중정 옆 계단을 올라 2층 방으로 나를 안내한다. 높은 천장을 가진 어둡고 서늘한 방 안은 허옇게 회칠이 되어 있다. 두꺼운 흙벽에 구멍을 내 만든 깊은 창으로만 좁은 빛이 비집고 들어올 따름이다. 창 아래 모스크로 이어지는 조용한 길이 내려다보인다. 그 길을 따라 파란색의 다시키 셔츠(아프리카의 무슬림 남성들이 즐겨 입는 소매와 품이 풍성하고 기장이 긴 칼라 없는 셔츠)에 하얀 타키야를 쓴 청년이 내 시선을 알아채지 못한 채 홀로 걸어간다. 창문은 유리가 아닌 비닐을 덮은 나무틀의 들창이다. 나는 반쯤 들어 올려진 창문 안쪽, 벽 두께만큼의 넓은 공간 귀퉁이에 새집이 있다는 것을 뒤늦게 발견한다. 거친 잔가지를 얼키설키 엮어 만든 탓에 그냥 치우지 않은 나뭇가지들이 쌓여 있는 줄 알았다. 둥지에는 보듬기에도 소중한 조그맣고 하얀 알 두 개가 웅크리고 있다. 이곳이 가장 안전하다고 여긴 어미 새의 판단을 숙소 주인과 이 방에 머물렀던 손님들은 따뜻한 마음으로 입증해 준 것이다.

배낭을 내려놓았는데도 몸은 천근만근이다. 배낭은 물론 온몸이 먼지투성이다. 콧속은 시커먼 재가 덮인 굴뚝 같다. 뜨거운 물이 가득 찬 욕조가 필요했지만, 숙소에 욕조 따윈 없었다. 샤워기에선 아무리 기다려도 차가운 물만이 졸졸 흘러나온다. 내일은 숙소 주인에게 뜨거운 물 한 통을 요구해야겠다는 생각과 함께 부들부들 떨며

샤워한다.

짐을 정리하는 내내 몸살기로 힘들어하던 나는 마무리를 못 한 채 침대에 눕는다. 그리고 이불을 턱까지 끌어 덮는다. 천장에 달린 꺼진 선풍기가 빙글빙글 돌아간다. 선풍기 아래 모기장이 두 겹 세 겹으로 겹쳐 보인다. 불현듯 몹티 시장에서 두세 차례 모기에게 물렸던 것이 떠오른다.

'아! 말라리아구나.'

나는 같은 감염경로와 증상으로 나의 몸 상태를 진단했다.

아프리카 여행에서 모기 매개 감염병 중 하나인 말라리아에 대한 경고는 늘 꼬리표처럼 따라붙는다. 특히 내가 여행하고 있는 사헬 지대(세계 최대의 사막인 사하라와 세계 최대의 사바나기후 지역인 아프리카 중부 사이에 동서로 형성된 띠 모양의 지역)는 말라리아의 근원지라고 칭할 수 있을 만큼 예전부터 발병률이 매우 높은 지역이다. 근래에는 지구온난화로 모기의 서식지가 계속 확장되면서 안전했던 북아메리카와 유럽도 말라리아에 시달리고 또 희생되고 있다. 기후변화로 인해 전 세계적으로 가뭄과 홍수, 폭염과 혹한 등의 극단적인 기상이 초래되고 그에 따른 생태계의 변화로 인간을 비롯한 생명체 대부분이 위협을 받고 있다. 하지만 모기는 그 위기를 비껴가며 오히려 기후변화의 수혜를 톡톡히 누리는 것이다. 더 빈번하고 심해지는 무더위와 습해진 기후 덕분에 모기는 개체 수를 늘리며 최고의 황금시대를 맞이하고 있다. 모기에게 기상이변은 축제다. 잘 차려진 잔칫상이다. 이렇게 제압

되지 않는 몸집으로 점점 커져 버리는 모기가 옮기는 말라리아는 인류가 아직도 정복하지 못한 에이즈, 결핵과 함께 세계보건기구(WHO)가 정한 3대 질환의 하나다. 모기에게 물리지 않는 게 최선이라는, 배낭여행자로서 지키기 힘든 예방법의 말라리아는 면역력이 약하면 약을 먹어도 사망에 이를 수 있다.

나는 이토록 무시무시한 질병에서 어떻게 회복하고 남은 여행을 이어갈지를 고심한다. 그러나 이 작은 마을 젠네에서 말라리아를 치료한다는 것은 어불성설이다. 큰 병원이 있는 바마코까지 나가야 하지만 오늘 겪은 이곳의 열악한 교통 환경을 생각하면 암담하기만 하다. 온갖 잡생각이 오한과 두통으로 뒤섞인다. 눈을 감으니 저린 몸이 끝없이 추락한다. 나는 다시 침대 위로 떠오르기 위해 눈을 뜬다.

'이대로 여행을 끝낼 수는 없어. 아니, 죽을 수는 없어.'

마지막으로 그토록 그리던 젠네 모스크를 또렷이 눈에 담아 유작이 될 사진으로 가슴 깊이 남겨야겠다는 비장한 각오를 한다. 나는 수렁 같은 침대에서 간신히 빠져나와 카메라를 챙겨 비틀거리며 숙소 밖으로 나간다.

진흙 대모스크가 생시가 아닌 꿈처럼 신비롭게 서 있다. 뒷배경이 된 하늘은 새로운 신화를 맞이하려는 듯 구름 한 점 없이 푸르게 비워졌다. 모스크가 내려다보는 광장에는 내일을 준비하는 사람들이 오늘을 살아간다. 월요시장을 하루 앞두고 인근 마을에서 도착한 미니버스들이 여기저기 주차되었다. 초록색 버스 아래에서 전통 복장의 여인들이 짐을 쌓아 두고 앉아 대화를 나눈다. 주황색 버스 옆으로 내어놓은 작은 나무 벤치와 의자에 앉은 남성들이 언쟁을 벌인다. 모스크 담벼락에 진열대로 쓰일 평상이 세워져 있다. 옆에는 하얀 다시키를 입은 노인들이 파란 비닐을 깔고 누워 모스크의 그늘을 평상과 나눠 쓴다. 곡식 자루를 실은 청년의 손수레가 지나간 자리에 고삐를 쥔 소년이 탄 마차가 나타난다. 쟁반을 머리에 이고 있는 소녀가 공터에 떨어진 먹이를 쿵쿵대며 찾아다니는 염소들을 멍하니 바라본다. 그녀의 쟁반에는 빨간 당근이 소복이 담겼다. 모스크 앞 광장의 활기찬 모습 때문인지 몸 상태가 한층 좋아진 것을 느낀다. 싱겁지만 다행히도 말라리아는 아닌가 보다.

지나가던 두 청년이 나에게 프랑스어로 말을 건다. 내가 프랑스어를 못한다는 것을 알아챈 러닝셔츠의 청년이 서툰 영어로 얘기한다. 우락부락한 덩치의 그는 내게 훌륭한 가이드를 소개해 주겠다고 한다. 이곳에서 오랫동안 가이드 경력을 쌓아 왔고 영어도 능통한 필립이라는 멋진 친구라고 했다. 주변을 살피던 청년이 광장 한쪽을 가리키며 말한다.

"저 친구야."

청년이 가리키는 방향에서 오토바이 한 대가 달려온다. 여자 한 명을 뒤에 태운 필립의 오토바이가 흙먼지를 일으키며 내 앞에 멈춘다. 두 청년과 몇 마디를 주고받은 필립이 큰소리로 내게 인사한다.

"안녕, 내 친구. 난 필립이야. 만나서 반가워."

뒤에 타고 있던 젊은 여자는 연신 생글생글 웃고 있다. 필립은 젠네를 속속들이 잘 안다며 관광 안내를 자기에게 맡겨 보라고 한다. 내가 가이드가 필요치 않다고 했으나 필립은 오토바이에서 내려 적극적인 홍보를 이어간다. 인근 마을을 다녀오는 투어, 바니강을 따라 몹티까지 가는 1박 2일 보트 투어 등 다양한 상품들을 제시한다. 2m 가까이 되는 장신의 필립이 토해내는 광고들이 쳐든 내 얼굴 위로 줄기차게 떨어진다. 나는 가이드가 없이 다니겠다며 그의 제안을 계속 거절한다. 뒤에 타고 있던 여자가 따분해하는 표정을 지을 즈음에서야 필립의 말투가 비로소 수그러든다.

"근데 바마코로 가는 버스는 매일 있어?"

나는 바마코로 가는 버스 편이 걱정되어 물었다. 여행 책자에 소개된 정보만으로는 불안했기 때문이다. 다시 신이 난 필립이 말한다.

"매일 있지 않아. 언제 가려고?"

"모레 갈 예정이야."

"그때는 버스가 없을 거야. 내가 젠네 사거리까지 오토바이로 데려다줄게. 거기서는 바마코로 가는 버스가 수시로 있어."

"그래? 젠네 사거리까지 데려다주는 데 얼마야?"

"원래 200,000세파프랑인데 150,000세파프랑만 내."

"뭐? 150,000세파프랑? 너무 비싸다."

"알다시피 중간에 바지선도 타야 하고 거리가 꽤 멀어."

필립은 몹티와 젠네의 왕복 택시비보다 비싼 가격을 제시한 것이다.

내가 관심 없다 하니 필립은 이런저런 말들로 자신과의 계약을 종용한다.

"알겠어. 생각해 볼게."

나는 의례적인 대답을 하고 모스크의 담장을 따라 걸어간다.

"헤이, 내 친구. 내 오토바이를 꼭 이용하길 바라."

필립의 목소리가 뒤에서 들려왔다.

모스크 동쪽 벽 앞에 3m 높이의 흙으로 만든 두꺼운 담장이 둘러쳐졌다. 멀리서 볼 때 매끈하게 보이던 담장 표면은 진흙이 굳어지면서 생긴 균열로 인해 수많은 딱지로 덮여 있었다. 담장과 모스크 본체는 제법 떨어져 있다. 둘 사이의 공간은 모스크의 보수를 위해 해마다 열리는 라 페테 드 크레피사주(진흙과 석고를 모스크 외벽에 바르는 행사)에서 진흙을 개어 놓는 큰 웅덩이로 변신한다. 라 페테 드 크레피사주는 소름이 끼칠 정도의 웅장한 장면을 연출하는 이곳의 성대한 축제다. 남북으로 길게 놓인 담장 중간쯤에 흙기둥 두 개가 나타난다. 그 사이로 난 계단 끝에 모스크의 동문이 올려다보인다. 붉은색의 문은 굳게 닫혔다. 닫힌 문 너머로 우뚝 솟은 세 개의 첨탑이 위엄찬 용모를 과시한다. 각 첨탑 가장 높은 곳에는 다산과 순결을 상징하는 타조알이 장식되어 있다. 그런데 왼쪽 첨탑 꼭대기에 대여섯의 인부들이 아득히 올라가 있다. 첨탑에 박힌 야자나무 위로 걸친 널빤지에 서서 무너진 첨탑 지붕을 보수하는 중이다. 한 칸 아래 걸쳐진 널빤지에 앉은 인부가 모스크를 구경하는 나를 계속 내려다보고 있다. 내가 그에

게 손을 흔들자, 그도 나에게 망설임 없이 손을 흔든다.

어렸을 적, 달리는 기차에 탄 사람과 손을 흔들며 주고받던 인사를 기억한다. 일면식도 없는 사람과 반갑게 만나 인사하고 동시에 안녕을 기원하며 헤어지던 짧은 만남. 어찌 보면 유치하고 낯간지러울 수 있는, 아이들 놀이 같은 이런 손 인사가 어른이 돼서도 가능한 이유는 무엇일까? 그것은 서로가 생면부지이고 앞으로도 영영 그럴 것이기 때문이리라. 둘 사이에 놓인 먼 공간의 짧은 시간은 상호 간에 처지를 알리거나 알 필요를 없게 해 준다. 그렇게 격식의 부담을 떨어낸 서로는 각자의 여행과 삶을 스스럼없이 응원할 수 있게 된다. 그리고 헤어지면서 상대방도 나와 같이 다정한 사람이었음을 확인하고 천진난만했던 어린 시절을 회상하며 즐거워한다. 그런데 배낭여행을 떠나오면 나의 인사성은 평소보다 훨씬 밝아진다. 상대방과의 거리가 가까워도 머무는 시간이 길어도 문제가 되지 않는다. 눈만 마주치면 바로 인사를 건넨다. 그것은 나에게 여행이란, 신분을 세탁하고 호기심 많은 아이가 되는 것이기 때문이다. 여행지에서 내가 누군지를 아는 사람은 없다. 나 또한 그가 어떤 사람인지를 알 수 없다. 나는 오로지 그들의 삶과 그곳의 생활이 궁금한 호기심 많은 여행자일 뿐이다. 평소에 쓰던 가면을 벗어 놓고 온 본연의 여행자. 아는 척, 멋진 척, 안 그런 척 할 필요 없는 자유로운 여행자….

앉아 있던 인부가 한 칸 위로 올라가 동료들의 작업에 동참한다. 나는 담장 남쪽 모퉁이를 돌아 모스크의 남문 앞을 지나간다. 그리고 흙 냄새 가득한 마을로 들어선다.

골목마다 아이들이 먼저 수줍은 얼굴로 나를 맞이한다. 이어 문을 열고 내다보는 엄마들이 미소 띤 눈으로 인사한다. 풀어놓은 염소들이 하얀 목을 세워 이방인을 알아본다. 생선을 튀겨 파는 여인 주위에 사람들이 모였다. 오토바이 타이어를 굴렁쇠 삼아 굴리던 아이가 멈춰 서서 경계의 눈빛으로 나를 본다. 코란 공부를 다녀오던 아이가 노트 대용의 나무판을 들고 나의 카메라에 포즈를 취해 준다. 걸어가는 골목 저쪽에서 노란 스카프를 머리에 여민 작은 소녀가 나를 기다리듯 서 있다. 소녀에게 인사를 건네다가 허리에 두른 보자기 아래로 조그만 발 하나가 삐져나와 있는 것을 발견한다. 나의 놀란 표정에 소녀는 몸을 돌려 업고 있는 아기를 보여 준다. 포대기에는 잠에서 막 깬

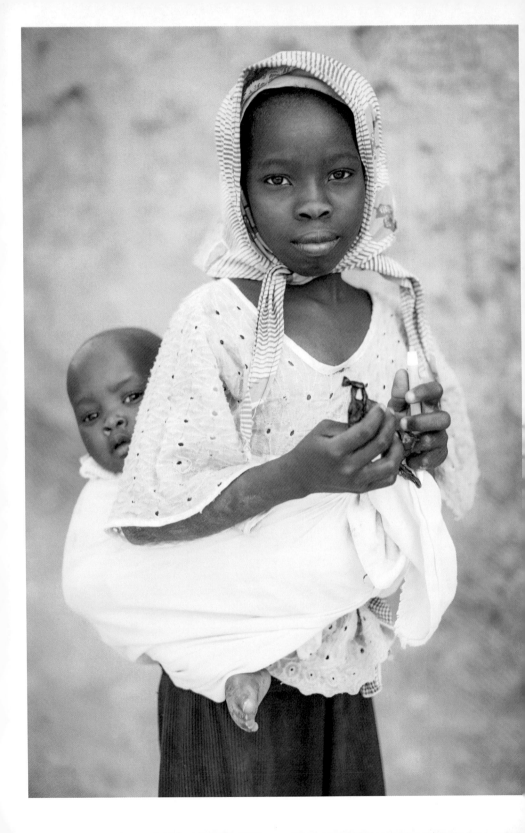

아기가 굵은 코를 흘리고 있다. 나는 애잔한 마음을 숨기고 밝은 표정을 지으며 볼펜 한 자루로 소녀를 응원하고 돌아선다.

왁자지껄한 아이들 소리를 따라가 보니 십여 명의 소년들이 골목 축구를 하고 있다. 두 주먹을 포갠 크기의 작은 공으로 놀고 있는 아이들의 모습이 재미있어 사진을 찍으려 하니 한 녀석이 다가와 부릅뜬 눈으로 손가락질을 해대며 공격적인 반응을 보인다. 관광지 주변의 사람들은 종종 관광객의 카메라에 민감한 반응을 보이곤 한다. 간혹 아이들도 그럴 때가 있다. 예견된 촬영 거부에 나는 카메라를 어깨에 둘러메고 볼을 향해 달려가 동네 축구에서는 보기 쉽지 않은 볼 컨트롤을 선보인다.

"오… 오…"

감탄사를 연발하던 아이들이 나를 포함해 편을 다시 나눈다. 나는 아이들과 함께 웃음 만발한 골목 축구를 즐긴다. 어느 틈엔가 아이들이 나를 관광객이 아닌 팀 동료로 받아 준다. 물론, 이후에는 촬영에도 흔쾌히 응해 주었다. 피파의 공식 경기 전 두 겹으로 서서 촬영하는 단체 사진도 흉내 내어 찍었다. 그리고 그들 중 두 친구가 자청해서 나에게 골목길 안내와 모델 섭외를 해 주었다.

'귀여운 녀석들, 다음에 또 보자.'

노을 진 바니강의 경관에 취해 강변에 한참을 머물러 있었다. 그리고 인적이 끊긴 어둑해진 골목길을 걸어 숙소에 거의 다다랐을 즈음

에서다. 어제 만난 필립과 두 청년이 가로등 아래 서 있다. 나를 발견한 필립이 손을 들어 외치듯 말한다.

"헤이, 내 친구."

나는 손만 들어 답한다. 필립과 두 청년은 내가 숙소를 옮긴 것을 알고 새로운 숙소로 접어드는 길목에서 나를 기다린 듯했다. 오늘 아침에 나는 따뜻한 물을 찾아 세 배나 비싼 호텔로 숙소를 옮겼다. 몇 개 안 되는 젠네의 숙소에서 하나뿐인 동양인을 찾는 것은 집요한 필립에게 그리 어려운 일은 아닐 것이다. 내게 다가오는 필립의 뒤를 두 청년이 따른다. 필립은 어제의 만남을 꺼내며 자기와의 거래를 결정했는지를 물었다.

"내가 호텔에 문의했더니 바마코로 가는 버스가 매일 아침에 있다고 하더라고. 그리고 호텔 프런트에서도 예매할 수 있다고 해서 모레 아침에 출발하는 버스 티켓을 사 두었어."

나는 바마코 일정을 줄여 젠네에서 하루를 더 보내기로 했다.

"정말? 그럴 리가 없는데. 모레 아침 바마코로 가는 버스가 있다고?"

필립은 모르는 건지 모르는 척을 하는 건지 알 수 없는 표정으로 되묻고는 그래도 자신의 오토바이를 타고 가는 게 빠르고 편하다며 다시 한번 생각해 보라고 한다. 가격도 낮춰 주겠다고 했다. 내가 거절의 의사를 보이니 이젠 내일 자신에게 가이드를 맡겨 달라며 흥분된 어조로 어제의 홍보 내용을 재탕한다. 몇 번을 거절해도 개의치 않고 끈질기게 자기와의 계약을 요구한다.

"반복해서 말하지만, 나는 가이드가 필요치 않아. 난 혼자서 둘러보는 것을 원하고 또 좋아해."

내가 힘을 주어 말했다. 필립이 한발 다가와 가까이 서서 굳은 표정으로 나를 내려다본다. 옆에 서 있던 러닝셔츠 청년이 허연 눈동자를 드러내며 낮은 목소리로 말한다.

"필립 좋은 가이드야. 계약 좋아."

또 다른 청년이 바닥에서 날카롭게 쪼개진 각목을 집어 든다. 그리고 그것으로 내 뒤의 담벼락을 쿡쿡 찌른다. 필립이 목을 빼고 얼굴을 좌우로 꺾으며 말한다.

"계약할 거야, 안 할 거야?"

"안 할 거야."

나는 눈을 치켜세워 필립을 올려다보며 단호하게 말했다. 그리고 돌아서서 호텔을 향해 허리를 꼿꼿이 세우고 뚜벅뚜벅 걸어간다. 그렇지만 목덜미가 서늘해지고 심장은 요동치기 시작한다. 등 뒤가 불안해 돌아보고 싶었지만, 양쪽 배낭끈에 엄지를 찔러 넣어 움켜쥐며 흐트러짐 없는 바른 자세를 유지한다. 놈들에게 내가 겁먹었다는 것을 들키지 않아야 하기 때문이다. 모퉁이를 돌면 바로 나타날 호텔까지 당장이라도 내달리고 싶지만 참아야 했다.

샤워를 끝낸 나는 호텔 로비와 공간을 같이 쓰는 식당에서 맥주 한 잔을 하며 사진을 정리하고 있었다. 그런데 큰 키의 필립이 현관문을 열고 프런트로 걸어가는 모습이 보인다. 현관문 밖에는 그의 졸개 둘이 담배를 피우며 서 있다. 필립이 프런트 데스크에 한쪽 팔꿈치를 대고 기대어 직원과 대화를 나눈다. 나를 흘깃흘깃 쳐다보기도 한다. 참 그악스러운 놈이라는 생각이 든다. 대화를 끝낸 필립이 나를 노려보면서 호텔 밖으로 나간다.

다음 날 아침, 나는 모스크 광장 옆 노천 식당에 앉아 주문한 음식을 기다리고 있었다. 길 건너편 사람들 사이로 튀어나온 필립의 머리통이 보인다. 나는 못 본 체하며 시선을 내려 테이블 위 카메라를 켠다. 그러나 나의 바람과 달리 필립이 이쪽으로 오는 것이 곁눈에 들어온다.

"헤이, 내 친구."

내 옆 의자에 덥석 앉은 필립이 악수를 청한다. 그리고 그의 부드러운 손바닥처럼 예상과 다른 이야기를 꺼낸다.

"오늘 네덜란드에서 온 여행객 다섯 명을 안내하게 되었어. 그래서 참 기뻐."

"오! 그거 잘됐네."

나는 안도의 숨을 내쉬며 누그러진 마음을 담아 호응해 주었다. 그가 가이드로 고용됐다는 것이 어쩌다 보니 내게도 진심으로 기뻐할 일이 된 것이다. 필립이 네덜란드 여행객들에게 안내할 코스를 내게 브리핑한다. 그리고 명함을 건네며 말한다.

"고마워, 친구. 젠네에서의 마지막 날 재밌게 보내. 그리고 다음에 젠네 오면 꼭 연락해. 무료로 가이드해 줄게."

어제와 다른 말끔한 복장의 필립이 다시 한번 악수를 청하고는 모스크 뒷골목 쪽으로 사라진다.

제4부

미얀마

MYANMAR

돌고 도는 양곤

컴컴하고 좁은 계단 아래에 생기발랄한 시장이 열려 있다. 오른쪽 무지개 색깔의 파라솔 아래에서 부부가 각종 향신료를 판다. 아내는 정신없이 손님들을 응대하는데 남편은 파라솔 그늘에 한가롭게 앉아 그런 아내의 모습을 바라본다. 왼쪽 좌판에는 얼굴에 타나카(타나카 나무를 돌에 물과 함께 갈아 만든 화장품 겸 자외선 차단제)를 바른 여성이 앉은뱅이 의자에 앉아 산더미처럼 쌓아 놓은 채소를 다듬는다. 지나가던 남색 롱지를 두른 남성이 두 노점 사이에서 불쑥 나타난 나를 의심의 눈초리로 대한다.

어젯밤 자정이 넘은 시간에 택시를 타고 도착한 게스트하우스는 어느 주택가 한구석에 있는 것으로 보였다. 여행 안내서에도 게스트하우스가 시장 안에 있다는 정보는 없었다. 나는 아침부터 들려오는 시끌벅적한 소리에 이곳을 미얀마의 활기찬 골목 어디쯤으로 여기며 양곤 순환 열차를 타볼 요량으로 숙소를 나서던 참이었다. 그런데 이곳은 의외로 시장 한복판이었다.

큰길로 나가는 시장 골목 왼편 닭집에서 퍼뜨린 닭 비린내가 사방으로 진동한다. 늘어진 러닝셔츠를 입은 남성이 시퍼런 칼을 들어 올린다. 그 밑에 털이 뽑힌 희멀건 닭이 누워 있다. 나를 비롯해 그 앞을 지나가는 사람들 모두가 그의 칼끝을 예의주시한다. 턱 근육에 당겨진 남성의 입이 갈지자로 비뚤어지자 번뜩이는 날이 심줄 선 닭목을 향해 내리꽂힌다. 나는 산뜻한 향이 풍겨오는 꽃수레로 눈길을 재빨리 돌린다. 만발한 꽃들로 채운 수레와 그 옆으로 놓인 국화, 장미, 백합 등을 한 아름씩 담은 커다란 물통들이 도로 가를 향기로운 꽃밭으로 만들어 놓았다. 스포츠머리에 검게 그을린 노점상이 탐스럽게 핀 꽃들을 찬찬히 살핀다. 나는 그의 인상에서 비롯된 고정관념의 섣부름을 곰곰이 따져본다.

시장 골목이 끝난 큰길가에도 난전이 벌어졌다. 액세서리를 깔아 놓은 작은 테이블 앞에서 붉은 승복을 입은 남성이 선글라스 하나를 매만진다. 삐쩍 마른 가방 장수가 등받이 달린 플라스틱 의자에 깊이 앉아 사진을 찍고 있는 나를 맥없이 노려본다. 좌판에 말린 과일과 견과류를 늘어놓은 노인이 꼬마 의자에 앉아 햇빛에 찡그려진 눈으로 지폐를 센다. 그녀가 쳐 놓은 작은 파라솔의 그늘이 아스팔트 바닥으로 옮겨져 있다. 거기에는 비둘기 떼가 앉아 노인이 던져 놓은 먹이를 정신없이 쪼아댄다. 길 건너편 롱지를 파는 가게에 사람들이 몰려 있다. 그 앞을 오가는 남성 중 열에 일고여덟은 벌써 롱지를 입고 있다.

롱지는 미얀마 식 원통형 치마로서 그와 유사한 형태의 치마형 의복은 미얀마를 비롯한 동남아, 인도, 중동 등 더운 나라에서 즐겨 입는다. 나는 미얀마에서 두 번째로 큰 와불이 있는 차욱타지 파고다에 입장하기 위해 롱지를 체험해 봤다. 사원에 입장할 때 반바지 착용이 금지되어 주변 상점에서 롱지를 구매해 입은 것인데, 왜 더운 나라에서 롱지를 입어야 하는지를 입증하듯 롱지는 바지보다 훨씬 시원했다.

롱지는 남자들만의 의복이 아니다. 여자들도 입는다. 단, 남자와 여자의 롱지는 모양이 서로 다르며 남자가 입는 롱지는 빠소, 여자가 입는 롱지는 따메인이라고 부른다. 입는 방법에서도 남녀 간에 차이가 있다. 남자의 착용법을 살펴보면, 먼저 롱지를 머리 위로 들어 원통 속으로 몸을 집어넣어 아래로 내려 하체에 두른 다음, 양손으로 위쪽 끝을 잡고 양옆으로 쫙 편다. 그리고 천을 잡은 왼손을 배꼽 오른쪽 조금 위로 접고 오른손을 배꼽 왼쪽 조금 아래로 접어 포갠 후, 배꼽 위에 나와 있는 왼쪽 끝부분 천을 아래로 살짝 뽑아내고 포갰던 오른쪽 끝부분 천을 왼쪽에서 접은 천 안쪽으로 감아 넣는다. 그리고 아래로 살짝 뽑아냈던 천을 아래 방향으로 둥그렇게 돌려 왼쪽 위로 말아 그 안쪽으로 집어넣으면 주먹만 한 매듭이 만들어지면서 롱지의 착용이 완성된다. 여자의 경우에는 롱지의 통이 남자보다 좁아서 오른손으로 롱지를 오른쪽 허리 바깥으로만 당겨 편다. 그리고 왼손으로 배꼽 오른쪽의 천을 눌러 잡은 후, 오른쪽 천 끝을 그 위로 겹쳐 왼쪽 옆구리로 오도록 몸을 감싼 다음, 왼손이 누르고 있는 천의 안쪽으로 말아 넣으면서 매듭을 지으면 된다. 이런 착용법의 차이로 인해 남자는 가운데에 굵은 주름이 있고 여자는 주름 없이 매끈한 옷매무새를 보인다.

롱지의 색상과 무늬에서도 남자와 여자가 구분되기도 한다. 남자들은 남색이나 갈색 등의 어두운색에 민무늬 또는 잔 체크무늬를 즐겨 입는다. 이에 비해 여자는 꽃이나 화려한 패턴의 무늬를 선호하는 편이다. 그리고 유치원에서부터 대학교까지의 모든 학생은 오랫동안 이어진 군사 정권의 영향 때문

인지 국방색의 롱지를 교복으로 입는다.

미얀마 사람들은 남녀노소 불문하고 장소에 상관없이 어디에서나 롱지를 입는다. 평소뿐 아니라 신쀼(미얀마 남자아이들의 단기간 승려 생활 체험을 기념하는 의식), 결혼식 등을 비롯해 각종 기념식에서 예복으

로도 착용한다. 외국에서 국빈이 방문할 때도 양국 대표들이 같이 착용하는 등 정부의 각종 공식 행사에서도 서양식 정장을 대신해서 롱지를 입는다. 롱지는 우리나라의 한복과 같이 미얀마를 대표하는 전통 의상이다. 한복과 다른 점이 있다면 롱지는 여전히 국민 생활복으로서 일상생활에서 쉽게 만날 수 있다는 것이다.

내 옆으로 남색 스키니진과 함께 몸에 착 달라붙는 녹색 반소매 티를 입은 여성이 음료수를 마시며 걸어간다. 그녀의 오른 어깨 위로 두툼한 손을 얹은 청년의 입에는 담배가 물렸다. 파란 세로줄 무늬 롱지에 헐렁한 점퍼를 입은 그의 복장이 여성과는 어울리지 않는다. 그들의 관계를 연인보다 부녀로 보이게 한다. 그렇지만 그들 주위를 오가

는 남자들 배꼽에 난 뭉툭한 롱지의 매듭들이 커플의 어긋난 패션을 이해할 수 있게 한다.

일렬로 늘어선 네 개의 사각 첨탑을 품은 양곤 중앙역. 그 앞으로 광장이 길게 누워 있다. 출근 시간이 한참 지나서인지 광장 위에 발길이 드물다. 흰 와이셔츠 차림의 남성이 서류 가방을 어깨에 메고 따가운 햇볕을 참으며 천천히 광장 밖으로 걸어간다. 그 옆으로 화려한 꽃무늬의 롱지를 입은 여성이 보라색 양산을 기울이고 총총히 걸음을 옮긴다. 광장 입구 간이부스에서 경비원이 검은색 자동차를 검문한다. 역사가 만든 짤막한 그늘에는 햇빛에 쫓겨 숨어든 자동차들이 벽에 주둥이를 대고 주차했다. 행여라도 들킬세라 바짝 오므린 꽁무니 뒤로 남은 그늘이 얼마 되지 않는다. 그 그늘에 네 개의 그림자가 비석처럼 붙었다. 나는 그들의 정체를 확인하려 고개를 든다. 머리에 누런 탑 모양의 투구를 쓴 첨탑들이 뚫린 창으로 광장 위 별 볼 일 없는 소경들을 차례차례 내려다본다.

넓고 높은 기차역 안은 시원했다. 천장 가운데 팔각기둥 모양의 기다란 샹들리에가 이단으로 매달려 시선을 끈다. 커다란 짐 보따리 옆에 모여 앉은 여성들의 대화 소리가 맞울림되어 오래도록 퍼진다. 배낭을 기대고 바닥에 앉은 백인 커플이 독서를 즐기고 있다. 나는 순환 열차 티켓을 구매하기 위해 매표소로 향했다.

"양곤 순환 열차 하나요."

내가 500짯(MMK, 미얀마 화폐단위)짜리 지폐를 두꺼비집 같은 구멍으로 밀어 넣으며 말했다. 창살 안에서 볼이 움푹 팬 남직원이 검지를 세워 허공을 찌르며 뭐라고 말을 한다. 못 알아듣는 나를 위해 옆 창구에 서 있던 청년이 말한다.

"양곤 순환 열차 티켓은 플랫폼에서 살 수 있어요."

"플랫폼에서요?"

"네, 6번 플랫폼에 가면 판매 부스가 있어요."

"감사합니다."

나는 청년과 직원에게 번갈아 답했다.

구름다리 위에서 내려다본 플랫폼마다 녹색의 넓은 지붕들이 길게 덮여 있다. 마치 최고봉에서 여러 갈래의 산맥을 내려다보는 것같이 장쾌하면서도 평안한 느낌을 준다. 지붕 마루에는 창문이 달린 삼각형의 이중 지붕이 일정한 줄 간격을 유지하며 올려져 있다. 환기를 위한 일반적인 이중 지붕과 달리 원 지붕과 수직으로 배치되어 이색적인 구조를 가진다. 원 지붕 폭에 대한 이중 지붕의 크기는 황금비율로 잘 어우러진다. 봉긋봉긋 솟아오른 이중 지붕이 산골 마을 집의 다락방을 연상시킨다. 금방이라도 타나카를 볼에 바른 소녀가 창문을 열고 나와 손을 흔들 것만 같다. 구름다리를 걸어가며 사선으로 보이는 플랫폼별 이중 지붕들이 흐트러짐 없이 대각으로 새로운 줄을 만든다. 오와 열을 잘 맞춰선 군인들의 사열을 보는 듯하다. 햇빛과 비를 막아주는 단순한 지붕의 역할을 넘어 설계자의 배려와 고민이 돋보이는 걸작이다.

구름다리 계단 아래에 플랫폼은 밝고 시원했다. 나는 지붕 마루를 따라 높이 올려진 채광창 달린 이중 지붕 덕분이라 생각하며 위를 올려다본다. 철골빔이 트러스 구조로 반복되며 양쪽 레일로 완만하게 떨어지는 지붕을 경쾌하게 받쳐 준다. 두 개의 보를 따라 갈비뼈처럼 이어진 수많은 철골에서 서구 고딕건축의 백미인 늑골 궁륭(고딕 성당의 천장 구조로서 천장의 하중을 분산시켜 주는 역할을 하는 아치가 갈비뼈 모양을 닮았다 하여 붙여진 이름)의 위엄을 느낀다. 보를 지탱하는 기둥 아래에는 팔각형의 밀짚모자 형태로 만든 콘크리트 의자가 빙 둘러 있어 주춧돌의 역할을 대신한다. 노란색으로 칠한 의자에는 승객들이 앉아 기차를 기다린다. 가까운 곳에 순환 열차의 티켓을 파는 작은 부스가 보인다.

"여기서 순환 열차 티켓을 살 수 있나요?"

내가 물었다. 부스 안의 남성이 고개를 끄덕인다. 나는 500짯을 그에게 주며 말한다.

"하나 주세요."

티켓은 손 글씨로 표기된 손바닥만 한 크기의 쪽지였다. 부스 벽에도 순환 열차 노선도와 시간표가 손으로 그려져 정겹게 붙어 있다. 나는 콘크리트 의자에 신문을 펴 들고 앉은 남성 옆 빈자리에 카메라 배낭을 내려놓는다.

플랫폼 한쪽 바닥에 자리 잡은 국숫집에 사람들이 둘러앉았다. 그들 한가운데에는 삶은 면과 채소들이 가득 쌓인 커다란 은쟁반 두 개와 국자가 꽂혀 있는 육수통 두 개가 있다. 쪽머리 주인장이 면이 담긴 그릇에 쟁반 위에 채소를 한 움큼 집어 올린 후 좀 더 뻘건 육수를 한 국자 떠서 붓는다. 국수를 받아 든 여성이 입맛을 다시며 오목한 은수저로 국물을 뜬다. 옆에 앉은 세 살배기 아기가 엄마 입으로 들어가는 수저를 보며 칭얼댄다. 기차가 들어오지 않은 빈 레일 위로 도넛이 산처럼 쌓인 바구니를 머리에 인 여성이 내 쪽으로 걸어온다. 정수리로만 중심을 잡은 그녀의 바구니는 흔들림이 없다. 오히려 초록의 둥근 부채가 들린 오른손이 부산을 떤다. 나는 바구니 속 설탕 버무린 도넛을 떠올리며 주머니 속 지폐를 만지작거린다. 플랫폼에 서 있던 서양 여행객 중 한 명이 도넛 장수를 향해 손을 흔든다. 그러나 그녀는 알아채지 못한다. 건너편 정차 중인 기차의 창문 밖으로 청년 둘이 몸을 내밀어 도넛 장수를 큰 목소리로 부른다. 그녀가 부채를 왼손으로 옮겨 쥐며 청년들에게 걸어간다. 손을 흔들던 서양 여행객이 동료들을 향해 멋쩍은 웃음을 보인다. 노릇노릇한 도넛이 든 봉지를 청년들에게 건네고 돌아서는 도넛 장수를 향해 서양 여행객이 손을 높이 들어 크게 젓는다. 그러나 이번에도 그녀는 엉뚱한 곳을 바라본다. 보던 신문을 접고 처음부터 그 모습을 지켜보던 내 옆의 남성이 도넛 장수를 부른다. 그리고 손가락으로 서양 여행객들을 가리킨다. 이리로 오던 도넛 장수가 그쪽으로 방향을 바꾼다. 야속하게도 저 멀리서 기적 소리와 함께 순환 열차가 들어온다. 나는 주머니에서 손을 빼 배낭을 집어 든다.

여행자에게 양곤 순환 열차는 미얀마 서민들과 섞여 그들의 삶을 가까이서 체험할 수 있는 저비용 고효율의 훌륭한 투어 열차이다. 40여 개의 역이 큰 원으로 연결된 노선을 낡은 열차는 천천히 돌며 양곤의 다양한 모습을 속속들이 보여 준다. 열차는 약 1시간 간격으로 시계 방향과 반시계 방향으로 번갈아 가며 배차된다. 순환 철로를 한 바퀴 도는 데 약 3시간 정도 소요되며 표 하나로 아무 역에서나 타고 내릴 수 있다. 나는 다닝곤역에서 내려 양곤 최대의 재래시장인 다닝곤 시장도 구경할 작정이다.

도착한 양곤 순환 열차에 올랐다. 좌석은 우리나라의 전철처럼 양옆으로 길게 놓여 있다. 승객이 많지 않아 밝은 파란색으로 칠해진 나무 의자는 거의 비어 있다. 순환하는 원의 안쪽에 앉을지 바깥쪽에 앉을지를 고민하며 둘러보는데 내 뒤쪽에 머리를 파르라니 깎은 소녀들이 분홍빛의 승복을 입고 앉았다. 소녀들은 예상치 못한 외국인의 탑승이 재밌었는지 서로 소곤대며 웃는다. 나이가 그나마 많아 보이는 소녀가 입단속을 시키고는 입을 가리고 히죽 웃는다. 소녀들 앞에 자리를 잡은 내가 먼저 손을 들어 인사한다.

"밍글라바."

소녀들도 기다렸다는 듯이 한목소리로 반갑게 인사한다.

"밍글라바."

한 소녀는 나를 따라 손까지 흔들다가 쑥스러웠던지 불에 덴 듯이 재빨리 내리며 옆 친구를 보고 웃는다.

레일에 비해 넓은 폭의 낡은 순환 열차가 좌우로 기우뚱대며 출발한다. 열린 창문과 승강구 사이로 풋풋한 바람이 재잘대며 들어온다.

불탑의 바다, 바간

　지퍼를 목까지 끌어올렸지만, 가슴속으로 파고드는 새벽바람이 시리다. 곱은 손은 점점 굳어져 전동 스쿠터의 차가운 가속 손잡이를 돌리기가 점점 힘들어진다. 그렇다고 천천히 가기에는 일출이 멀지 않았다. 나는 오그라든 손가락 끝으로 다시 가속해 본다. 얼굴을 후려치는 바람은 지그시 감긴 눈으로 어떻게든 견뎌 보겠지만 바람막이 점퍼의 지퍼 틈 사이로 새어드는 바람이 뾰족한 고드름이 되어 가슴에 날카롭게 박힌다.

　어제저녁 숙소 근처 자전거 대여점에서 전동 스쿠터를 발견한 나는 망설임 없이 바로 빌렸다. 숙소에서 일출 전망이 아름다운 쉐산도 파고다까지 자전거로 가기에는 너무 멀었기에 전동 스쿠터는 훌륭한 대안이라고 생각했었다. 그렇지만 지금, 큰 일교차에 의한 차가운 새벽 공기라는 예상치 못한 난관에 봉착한 것이다.

　나는 바람막이 점퍼를 벗어 지퍼를 채운 후 뒷면이 앞으로 오도록 돌려서 입었다. 그리고 카메라 배낭을 멘 후 스쿠터에 올라 달려 보니 파고드는 한기가 한결 줄어든다. 고개를 숙인 채 속도를 더 올려 본다. 어둠이 채 가시지 않은 새벽길을 헤드라이트 불빛이 먼발치로 앞서 달린다. 끊임없이 나타났다 사라지는 크고 작은 불탑들 사이에 고인 묽은 안개가 고요하다. 귓가의 모기 같은 스쿠터의 모터 소리가 그 속으로 침투하여 얼마 남지 않은 평원의 새벽잠을 깨운다.

미얀마의 불교 역사를 고스란히 담고 있는 고대도시 바간은 42㎢에 달하는 드넓은 평야에 수많은 불탑을 흩뿌려 놓았다. 바간은 미얀마 최초의 통일 왕국을 세운 바간 왕조의 수도로서 당시에 세운 5,000여 개의 불탑 중 현재는 2,200여 개의 불탑이 남아 있다. 이 거대한 규모의 불탑들은 인도네시아의 보로부두르, 캄보디아의 앙코르와트와 함께 세계 3대 불교 유적지로 지정됐다. 그런데 세 개의 유적지 중 이곳에서의 일출이 가장 장대하다. 거침없이 너른 평원에 별처럼 박힌 불탑들을 뚫고 떠오르는 해는 가히 지상 최고의 일출 경관을 그려낸다. 미얀마를 대표하는 모습 중 단연 으뜸이라 할 수 있다.

푸르러진 동쪽 하늘 아래로 검붉은 쉐산도 파고다가 우두커니 서 있다. 보이지 않던 자동차와 마차들이 어디선가 하나씩 나타난다. 파고다 아래 공터에는 이미 여러 대의 자전거와 스쿠터, 그리고 자동차가 세워져 있었다. 나도 근처에 스쿠터를 주차한다. 그리고 파고다로 올라가는 계단 앞에서 신발과 양말을 벗어 배낭에 쑤셔 넣는다. 사원이나 불탑에 입장할 때는 정갈하고 경건한 몸과 마음가짐의 의미로,

맨발로 입장해야 하기 때문이다. 차가운 돌계단의 기울기가 60°는 족히 넘어 보이는 급경사다. 게다가 계단 하나의 높이는 무릎만큼이어서 오르기가 쉽지 않다. 중간쯤 기어올랐을 때쯤 힘에 부친 나는 잠시 멈춰 서서 뒤를 돌아본다. 아찔한 중력이 기어오르는 모두를 아래로 훑으며 떨어진다. 나의 시선도 여지없이 바닥에 내동댕이쳐진다. 오르는 것보다 내려가는 것이 더 걱정이다. 나는 계단 옆 난간의 도움을 받아가며 힘겹게 꼭대기 층에 올랐다. 하얀 안개가 얕게 찰랑이는 광활한 대지의 호수가 눈앞에 펼쳐진다. 검푸른 호수에는 높이를 달리하며 봉긋봉긋 떠 있는 불탑 모양의 섬들이 빼곡하다. 장엄하고 경이로운 풍경이다.

나는 벅찬 마음으로 쉐산도의 5층 테라스를 한 바퀴 돌아 선회비행 같은 산책을 한다. 남쪽 하늘 끝에 산줄기가 불탑 호수를 가둔 둑인 양 길게 둘러쳐졌다. 산줄기가 끝나는 서쪽으로 이라와디강이 흘러간다. 강 건너 산마루에 하얀 불탑 하나가 동녘을 향해 서서 둥근 해를 맞으려 한다. 나도 동쪽 난간으로 돌아와 자리를 잡고 앉아 일출을 기다린다. 얼마 지나지 않아 붉은 승복을 입은 노승이 내 왼편으로 앉으며 눈인사한다. 나는 오른쪽으로 엉덩이를 들썩여 그에게 곁을 내주며 인사한다.

"밍글라바!"

"밍글라바!"

합장으로 인사한 노승이 벗은 배낭을 무릎 앞에 내려놓는다. 그리고 자세를 고쳐 앉더니 곧바로 염불을 시작한다. 나도 그를 따라 허리를 세워 앉으며 두 손을 모은다. 탑을 쌓는 것이 내세에서 할 수 있는 최고의 공덕이라 믿는 미얀마 사람들. 그들의 곡진한 불심으로 군건하게 선 저 많은 불탑의 물결. 거기에 더해지는 노승의 염불은 그야말로 화룡점정이 되어 황홀하리만치 아름다운 평원의 경치를 완성한다. 염불을 끝낸 그가 합장한 나를 보며 빙긋 웃는다. 나도 웃으며 묻는다.

"그런데 염불의 내용이 뭔가요?"

"불교 성인들의 이름입니다."

대답을 마친 노승은 다시 눈을 감고 성인들의 이름을 왼다. 그가 짧은 염불을 끝내고 나를 바라본다. 나는 그의 염불을 이어받아야 할 것 같다는 엉뚱한 생각이 들어 눈을 감는다. 그리고 나만의 염불을 한다.

"수헬리베붕탄질산… 플네나마알규인황… 염아칼칼스티바크… 망철코니구아… 태정태세문단세… 예성연중인명선… 광인효현숙경영… 정순헌철고순…."

내게 도통 알 수 없는 염불은 연관 없는 음절들을 이어서 그냥 아무렇게 읊조리는 것 같았다. 그래서 그와 비슷할 것 같은, 학창 시절에 외웠던 원소주기율표와 조선 왕의 순서를 떠올려 염불하던 노승의 억양과 톤으로 읊은 것이다. 내가 눈을 뜨자 노승이 빙그레 웃으며 묻는다.

"염불의 내용이 뭔가요?"

"비밀입니다."

나의 속삭이는 대답에 그가 크게 웃는다. 나도 따라 웃었다.

동쪽 하늘 아래로 일출 관람을 위한 열기구들이 한둘씩 풍등처럼 떠오른다. 불탑들 사이로 난 북쪽 길에는 마차들이 줄줄이 달려온다. 길옆 숲에서 새들이 떼를 지어 날아올라 이라와디강 쪽으로 날아간다. 파고다의 4층과 5층 테라스에는 부스스한 얼굴들이 빈자리를 찾느라 부산하다. 자리를 잡고 앉아 있던 사람들 모두는 하나같이 한껏 달아오른 동쪽 하늘을 향해 카메라를 들어 올리고 있다. 내 옆에 노승도 휴대전화기를 꺼내 들고 촬영한다.

마침내 붉게 물든 하늘과 촘촘히 선 불탑 평원 사이로 눈부신 태양이 얼굴을 내민다. 긴 어둠 속에 갇혀 있던 천년의 고도 바간이 황금빛으로 서서히 눈을 뜬다.

시간여행을 한 만달레이

호텔 현관문을 열고 나서니 아침 햇살에 눈이 부시다. 카메라 배낭을 앞으로 돌려 메고 넣어둔 선글라스를 뽑아 드는데 누군가 부르는 소리가 들린다.

"허!"

호텔 앞 도로에서 아웅민이 내게 하얀 이를 드러내며 선글라스 든 손을 흔든다. 나도 암구호에 답하듯이 선글라스를 흔들어 인사한다.

"아웅민!"

아웅민은 어제저녁 만달레이 거리를 둘러보고 돌아오는 길에 호텔 앞에서 만난 오토바이 투어 가이드이다. 트렌디한 복장에 선글라스를 낀 아웅민은 부족한 영어로 자신을 막힘없이 홍보했다. 나는 자동차 투어를 호텔에 예약해 놨던 터라 아웅민의 제안을 거절했다. 아웅민도 알겠다며 자신의 명함을 내게 건넸다. 그리고 한국 사람들에게 홍보를 요청했다. 그렇게 이어진 대화 끝에 나는 아웅민과 오토바이 투어를 계약하게 됐다. 이십 대 초반인 아웅민은 두 아이의 아빠로서 가이드를 하기 위해 영어 공부도 열심히 하는 등 주어진 삶에 최선을 다하는 모습이 내 가슴을 울렸기 때문이다.

아웅민이 내게 헬멧을 건네며 묻는다.

"먼저 어디로 갈까?"

"네가 가고 싶은 데로 가면 돼."

내가 웃으며 대답했다. 우리 둘은 동시에 선글라스를 끼며 오토바이에 올랐다. 도심지에서 떨어진 호텔 앞 도로는 한가했지만, 아웅민은 좌우를 살피며 출발한다. 목적지를 결정한 듯 아웅민의 오토바이는 만달레이 외곽으로 방향을 잡는다.

도로 위의 닳고 닳은 차선은 태생의 흔적만 남아 역할을 잊은 지 오래다. 중앙선조차 보이지 않는 곳이 많다. 서로 멀찌감치 떨어져 교행하는 자동차와 오토바이를 깔보듯 한가운데를 점령하고 빠르게 달리는 은색 자동차가 보인다. 반대쪽에서도 치기 어린 파란색 트럭이 나타나 치킨런 게임이 벌어진다. 알량한 자존심을 중앙선 삼아 대범과 무모를 넘나드는 어리석은 시합은 은색 자동차의 양보로 끝난다. 가상의 차선을 흔들림 없이 유지하며 달리는 아웅민의 오토바이가 식당가를 지나간다. 사람들이 길가에 펼쳐놓은 꼬마 의자에 무릎을 세우고 앉아 맛있게 식사한다. 한 남성이 연두색 사발에 얼굴을 세워 담아 남은 음식을 입으로 털어 넣는다. 둥근 가면을 쓴 것 같은 그의 모습을 앞에 앉은 여성이 웃으며 지켜본다. 그들 옆에서 검은 앞치마를 두른 여성이 손님이 떠난 테이블을 빠르게 정리한다. 비둘기들이 무관심을 틈타 주변에 기습처럼 내려앉는다. 그리고 깡충깡충 걸으며 바닥을 쫀다. 풍경과 버무려진 훈훈한 음식 내음이 이 거리를 연상케 하는 아침 향으로 나의 후각에 저장된다.

왼편에 미얀마 불교 3대 성지 중 하나인 마하무니 사원을 지나자 외곽으로 나가는 호젓한 길이 이어진다. 도심지로 향하는 반대 차선에는 아직도 많은 자동차와 오토바이가 신호등 마다마다 긴 줄을 선다. 오른편으로 깐토지 호가 활짝 열린다. 나의 시선은 아침 햇살을 거슬러 수면 위로 미끄러진다. 건너편 호숫가로 내려온 황금빛 불탑이 일렁이는 반영을 발아래로 살포시 담근다. 불어오는 바람을 맞으며 오토바이가 시원하게 달린다. 아웅민의 점퍼 깃이 리드미컬하게 나풀거린다.

어디론가 훌쩍 떠나고 싶은 좋은 날, 어김없는 출근길에서 상상했던 정처 없는 여행길. 드디어 실현된 그 길에서 나는 자유로운 해방감을 만끽한다. 침울한 가사를 빠른 박자로 노래한 로비 윌리엄스의 '만달레이로 가는 길'이 귓가에 맴돈다.

Everything I loved got broken
On the road to Mandalay
내가 사랑했던 모든 것들은 부서져 버렸어
만달레이로 가는 길 위에서

로비 윌리엄스에게 가장 슬픈 장소로 기억하게 만든 이 길의 빌미가

내게는 들리지 않는다. 일상을 떠난 자유로움에 노래의 신나는 템포만이 느껴질 뿐이다. 달려가는 오토바이 오른편에 미얀마를 북에서 남으로 종단하는 이라와디강이 유유히 따른다.

히말라야에서 시작된 이라와디강은 이곳 만달레이를 지나 바간을 거쳐 양곤 옆 벵골만으로 흘러간다. 많은 미얀마의 문명들이 강 유역에서 번성하고 스러졌다. 강은 18세기 한때 아바 왕조의 수도였던 사가잉과 미얀마 제2의 도시 만달레이를 동서로 갈라 놓는다. 강 건너 사가잉의 언덕과 기슭에 금빛 고깔모자를 쓴 백색의 탑들이 죽순처럼 점점이 솟아올랐다. 수많은 불탑에는 번성했던 옛 도읍지의 숨결이 아직 남아 있는 듯하다.

오토바이가 이라와디강을 가로질러 만달레이와 사가잉을 연결하는 야다나본 다리 위를 달린다. 다리는 시간을 거슬러 3세기 전으로 이동하는 시간여행의 통로가 된다. 시선을 오른쪽으로 돌리니 널따란 강을 사이에 두고 맞선 과거의 사가잉과 현재의 만달레이가 마치 역사의 연대표처럼 좌우로 넓게 펼쳐졌다. 눈앞을 스쳐 지나가는 다리의 아치 기둥들이 연도별로 그어 놓은 세로줄이 된다.

아웅민의 오토바이가 끝이 보이지 않는 계단 아래에 섰다. 나는 계단 옆 구멍가게에서 내놓은 테이블에 아웅민과 앉아 시원한 음료와 스낵을 곁들인 휴식 시간을 갖는다. 그리고 아웅민을 가게에 남겨 둔 채 300개가 넘는 계단을 올라 언덕 정상에 있는 순우뽄야신 파고다에 도착했다. 파고다는 14세기에 세워진 불탑으로서 뽄야라는 사람이 부처의 신력을 빌려 하루 만에 완공했다는 전설이 전해진다. 사원으로 들어가는 문의 처마는 물결 위를 뛰어오르는 물고기 형상의 금박 조각들로 섬세하고 화려하게 장식되어 있다. 나는 그 아래 옥색 타일이 부착된 계단 앞에 샌들을 벗어 놓고 사원 안으로 들어선다. 하얀 얼굴의 큰 불상이 앉아 온화한 미소로 나를 맞이한다. 천장과 벽면, 그리고 기둥은 온통 에메랄드빛의 타일이 잔 격자무늬를 이루며 양각으로 부착되었다. 격자무늬 안에는 꽃잎 모양의 타일 조각들이 조밀하게 피어 있다. 커다란 천창으로 들어오는 햇빛이 수많은 타일에 반사되어 곳곳에 뿌려진다. 뿌려진 빛은 다시 반사되고 부딪히기를 거듭하며 사원 안에서 화사하게 메아리친다. 롱지를 입은 여성들이 좌불상 앞 카펫에 앉아 두 손을 모으고 기도한다. 그 뒤에는 서양 관광객 셋이 팔짱을 끼고 서서 두런두런 대화를 나누고 있다.

사가잉의 많은 언덕 중에 가장 높은 언덕을 차지하고 있는 파고다인 만큼, 사원 뒤편 동쪽으로 난 테라스는 탁 트인 조망을 자랑한다. 내려다보이는 다른 언덕 꼭대기와 능선에는 각기 다른 모습의 불탑들이 세워져 있다. 그 너머에는 초승달 모양의 아치를 이고 선 야다나본 다리가 아직도 만달레이와 사가잉을 이어 주고 있다. 다리 위에는 시간 여행을 위해 오토바이를 타고 이곳으로 건너오던 지난 시간이 보인다. 그 아래로 도도히 흐르는 강물을 따라가면 바간 불탑에 앉아 이라와디강을 내다보는 과거의 나를 만날 수 있을 것이다. 그렇게 또 지금 여기, 이렇게나 생생한 시공간도 미래의 내게 아련한 과거로 기억되겠지?

오! 나의 태양, 껄로

누군가 방문을 두드린다. 깜짝 놀라 깨어 시계를 보니 9시가 넘었다. 나는 트레킹 여행사의 사무실로 8시 30분까지 가야 했다. 그러나 어제 만달레이에서 이곳 껄로로 오는 길이 고단했는지 복에 겨운 늦잠을 잔 것이다. 문을 여니 숙소 주인이다.

"당신 트레킹 가야 하는 거 아닌가요?"

이 산골 마을을 방문하는 여행자 모두가 트레킹을 목적으로 하기에 숙소 주인은 트레킹 출발 시간을 잘 알고 있었다. 이곳에서 하룻밤만을 묵는 나 또한 트레킹을 신청했을 거라 판단한 주인이 고맙게도 챙겨 준 것이다. 주인은 당황해하는 나에게 트레킹을 신청한 여행사 이름을 묻고는 돌아간다.

서둘러 배낭을 꾸린 후 숙소를 나서는 내게 주인은 이런 일이 종종 있다고 하며 여행사에 전화해 놨으니 걱정하지 말라고 한다. 배낭 두 개를 앞뒤로 메고 경사 길을 달리듯 내려간다. 어제저녁 한가로이 산책하다 무지개를 만난 언덕길이 무거운 배낭을 짊어지고 뛰어야 하는 고난의 구보 길이 될 줄은 몰랐다.

어두컴컴한 여행사 사무실에 들어서니 프런트에 서 있는 여성 직원이 내게 묻는다.

"허?"

"네, 늦어서 미안합니다."

직원은 괜찮다며 트레킹의 종착지인 낭쉐에 예약한 숙소가 있는지 묻는다. 내가 숙소 이름을 대자 그녀는 어제 작성한 예약자 명단에 메모한다. 여행자의 큰 짐을 예약된 숙소로 먼저 보내 주려는 것이다. 직원은 프런트 데스크 앞에 큰 배낭을 내려놓는 나를 사무실 밖에 대기하고 있는 오토바이 기사에게 인계한다.

마을을 벗어나 개울 옆으로 곧게 뻗은 길에 한 무리의 사람들이 걸어가고 있다. 오토바이가 다가가자, 여성 두 명이 뒤돌아 손을 흔든다. 나를 내려 준 오토바이는 다시 마을 쪽으로 재빠르게 달려갔다. 나는 뒤늦게 만난 트레킹 동료들과 반갑게 인사를 나눴다. 친구 사이인 호주 청년 다니엘과 매튜, 이탈리아인 커플 알폰소와 멜라니아, 일본 여성 나오미, 현지 여성 가이드 추추와 띤띤윈, 그리고 나까지 총 8명은 2박 3일 동안 껄로 트레킹을 함께할 것이다.

껄로는 영국 식민지 시절 영국 관리들이 더위를 피하려고 해발 1,300m에 피서지로 조성한 마을이다. 삼림이 우거진 산지에 자리하고 있어 산촌 트레킹을 즐기기에 제격이다. 곳곳에 숨겨진 보물 같은 불탑과 너른 들녘이 내려다보이는 산꼭대기 전망대들을 비롯해 빠오족과 다누족, 타웅요족, 팔라웅족 등 다양한 부족이 살아가는 예쁜 마을들을 볼 수 있다.

가이드 추추와 띤띤윈을 따라 빨간 고추밭을 지나고 푸른 밀밭을 건너서 오른 황톳길 끝에는 숨이 멎을 듯이 아름다운 경관이 우리를 기다리고 있었다. 산 아래 넓은 골짜기로 보송보송 갓 피어난 봄이 어린아이의 꿈결처럼 덮었다. 그 뒤편으로 구릉과 나지막한 산들이 겹겹이 가로 서며 멀어진다. 골짜기 언저리에 녹슨 양철 지붕을 얹고 사이좋게 모여 앉은 나무집들이 작은 마을을 이룬다. 마을 끄트머리에서 시작된 길을 구불구불 따라가다 보면 하얀 불탑들이 마치 합장한 손가락처럼 모여 서 있다. 탑을 지난 길은 다시 이웃 마을로 이어진다. 마을 사이에 계단식 논은 붉은색과 연초록을 주고받으며 농부들의 부지런을 층층이 쌓아 놓았다.

생수병을 들었던 우리의 손에는 어느 틈엔가 카메라가 들려 있다. 한 장의 사진으로 남기기엔 부족한 장관이기에 모두는 탄성과 함께 액정 화면을 확인해 가며 셔터를 끊임없이 누른다. 하늘에 떠 있는 흰 구름이 골짜기에 큰 그늘을 드리우며 지나간다. 그늘의 경계선을 따라 마을과 논이 빠르게 어두워지고 다시 밝아진다. 우리는 각자가 골라 잡은 바위에 앉아 쉽게 가시지 않는 여운을 달래며 한참을 풍경 위에서 떠돈다. 골짜기 아래에서 불어오는 바람이 송골송골 맺힌 이마의 땀방울을 씻겨준다. 추추가 우리를 일깨우고 띤띤윈과 함께 먼저 걸

음을 뗀다. 남겨진 이들이 아쉬운 마음을 내려놓고 일어선다.

능선을 따라 걷다가 만난 산마루에 작은 마을이 따스한 햇볕을 쬐고 있다. 오솔길 양편으로 나무판자와 대나무로 지은 이층집들이 하나둘 나타난다. 창고로 사용하는 아래층은 나무판자를 이어 붙여 벽을 만들었고 주거 공간인 위층은 대나무 껍질을 얼키설키 엮어 만들었다. 털모자를 쓰고 집 앞에 나와 있는 어린 남매가 햇살에 찌푸려진 미소를 우리에게 보낸다. 빨간 옷을 입은 남자아이의 등에 노란 털모자를 쓴 아기가 업혀 있다. 큰 눈망울의 아기는 손에 뭔가를 꼭 움켜쥐고 있다. 하트 무늬의 자주색 후드티를 입은 여자아이의 팔짱 낀 손에 금색 팔찌가 반짝인다. 두 아이의 작은 귀에 달린 귀걸이가 아이들이 빠오족임을 알 수 있게 한다. 빤히 바라보는 순박한 아이들의 눈은 서너 시간의 오르막길에 지친 우리를 다시 웃음 짓게 만든다.

집 마당에 깔린 멍석에 빨간 고추를 펴고 있는 두 명의 젊은 여성에게 추추가 미얀마어로 말을 건넨다. 추추를 흘깃 본 두 여성은 하던 일을 이어 가며 대답한다. 인사 없이 시작된 그녀들의 대화는 한동안 계속된다.

"추추의 사촌들이에요."

우리가 그녀들의 관계를 궁금해하리라 판단한 띤띤윈이 일러 주었다. 그리고 추추의 가족들이 이 마을에 살고 있다고 덧붙인다.

우리네와 다르게 미얀마의 시골 마을에는 아이들과 젊은이들이 많아 생기가 있다. 대도시로 나가고 싶어 하는 젊은이들도 있지만, 대가

족 제도의 정서에 경제적인 이유가 더해져 많은 젊은이가 고향에 머문다. 요즘 도시의 삶에 지친 우리나라의 젊은이들 입에 귀농, 귀촌, 귀어 등의 단어들이 자주 오르내린다. 그러나 실천은 계획보다 언제나 어렵다. 복잡한 도시를 떠나 한가한 자연에 머물고 싶지만, 화려하고 활기찬 도시의 삶이 공허해지듯 느긋하고 여유로운 자연 속 생활이 고독해질 수 있다는 걱정 때문이다. 도시인의 시골 살이를 막는 가장 큰 벽은 아이러니하게도 고립된 시간의 외로움일진대, 어느 시골에서든 젊은이들과 아이들의 웃음소리가 끊이지 않고 늘 들려오는 미얀마라면 고민 없이 감행할 수 있을 것 같다. 한 무리의 아이들이 굴렁쇠를 굴리며 노란 흙길을 시끌벅적 달려온다.

몇 걸음을 옮겨 추추는 우리를 느티나무 그늘에 자리한 집으로 안내한다. 2층으로 올라가는 나무 계단에 붉은 체크무늬의 수건을 머리에 감아 쓴 검은 옷의 노년 여성이 서서 우리를 맞아 준다. 추추가 여성을 자기 할머니라고 우리에게 소개한다. 계단 끝에 추추의 할머니가 앉아 시간을 보내는 듯한 오래된 나무 벤치가 놓였다. 벤치 뒤 나무판자 벽에 긴 손잡이의 빨간색 천 가방이 걸렸다. 오던 길에 만난 빠오족 남성들이 멨던 가방과 닮았다.

빠오족의 전통 의상은 용 모양의 터번, 흰색 셔츠, 검은색 재킷과 빨간 천 가방, 그리고 검은색 하의로 대표된다. 이 중 가장 눈에 띄는 의상인 용 모양의 터번은 빠오족의 시조가 여인으로 둔갑한 용이 낳은 알에서 탄생했다는 전설에서 유래한다. 터번을 높이 올려 쓴 여성의

모습은 조선시대 상류층 부인들이 예장용으로 크게 땋아 올리던 어여머리를 연상케 한다. 빠오족의 민족 신화를 통해 이들이 모계사회란 것을 미뤄 짐작할 수 있다. 지금도 여성들이 주로 생계를 책임진다.

"밍글라바."

"밍글라바."

할머니와 인사를 나눈 우리는 계단을 올라 2층 마루에 둘러앉았다. 추추와 띤띤윈이 메고 온 배낭에서 음식 재료들을 꺼낸다. 할머니가 입구 쪽에 있는 부엌에서 불을 피운다. 추추와 띤띤윈이 부엌으로 들어가 할머니와 함께 점심을 준비한다. 집 뒤로 난 창에서 바람이 솔솔 불어온다. 나는 바람결에 실린 아이들의 노랫소리에 이끌려 창가로 다가간다. 뒤뜰에 노란색과 분홍색의 국화가 소담하게 핀 정원이 있다. 정원 너머 황토 마당에서 아이 넷이 서로 짝을 지어 손을 잡고 춤을 추며 노래한다. 대나무 울타리에 앉은 어린아이는 그 모습을 손가락을 빨며 구경한다. 정겹고 사랑스러운 모습에 나는 카메라를 들고 나선다. 알폰소와 멜라니아가 내 뒤를 따른다.

한 겹 두 겹 내려앉는 어둠에 산골 마을의 기온이 뚝뚝 떨어진다. 냉기가 올라오는 마루에 민박집 주인아주머니가 내준 이부자리를 편다. 어제저녁 아프리카에서도 경험했던 급성 몸살로 고생했던 터라 오늘은 가져온 옷가지들을 겹겹이 껴입으며 단단한 채비를 한다. 배낭여행을 하다 보면 건강한 여행자라 해도 고된 일정으로 인한 면역력 저하로 감기나 몸살을 한 번쯤 겪기도 한다. 다행히 이번에도 가벼운 산책으로 컨디션을 회복할 수 있었다. 그런데 아침부터 욱신거리던 오른쪽 새끼발가락의 통증이 점점 더 선명해진다. 나는 양말을 벗어 살펴본다. 발톱 중간까지 피멍이 들어 있다. 암만해도 발톱은 빠질 듯하다.

"괜찮아? 많이 아파 보여."

옆에 있던 멜라니아가 미간을 조이며 말했다.

"응, 괜찮아. 걱정해 줘서 고마워!"

나는 그녀에게 웃어 보이며 말했다. 그나마 다행스럽게도 트레킹을 포기할 만큼 부상 정도가 심각하지는 않은 것 같다.

껄로 트레킹을 위해 새로 산 신발이 문제였다. 미얀마 여행을 준비하면서 나는 서아프리카 말리에서의 도곤 트레킹을 떠올렸다. 그때 조금 큰 트레킹화를 신었던 나는 사막 같은 모랫길에 발바닥이 계속 밀리며 생긴 물집에 고생했었다. 그래서 이번에는 발에 딱 맞는 신발을 준비했다. 그런데 오랜 시간 산길을 오르내리며 부어오른 발은 신발을 상대적으로 작아지게 했고 그런 신발에 지속해서 짓눌린 발가락은 피멍이 든 것이다.

지켜보던 알폰소가 말한다.

"신발이 작은 거 같아. 트레킹에서는 넉넉한 신발을 신고, 대신 양말의 두께와 끈 조임으로 발바닥이 밀리지 않게 조정해야 해."

"맞아. 그래야 할 것 같아."

대답한 나는 통증을 완화하기 위해 가져온 밴드를 새끼발가락에 동여맸다. 그리고 어젯밤에 봤던 쏟아지는 별들을 떠올리며 발 편한 쪼리를 신고 밖으로 나간다.

역시 밤하늘에는 수많은 별이 빈 곳 없이 희고도 푸른 점들을 빼곡하게 찍어 놓았다. 두메산골에는 도시의 화려한 불빛 대신 찬란한 별빛이 있다. 겨울철 대표 별자리인 오리온자리를 쉽게 찾을 수 없을 정도로 많은 별이 검은 하늘을 수놓는다. 오리온은 우리나라에서보다 북쪽으로 더 올라가 앉았다. 칠흑 같은 어둠에 마을은 윤곽만으로 존재한다. 가로등은 고사하고 길가에 있는 집에서 새어 나오는 불빛조차 없다. 나는 휴대전화를 꺼내 손전등을 켜고 길을 밝히며 걷다가 다시 고개를 들어 오리온을 바라본다. 그리고 그의 삼태성에서 은하수를 건너는 황소의 뿔을 찾는다. 그 위에 마차부자리의 카펠라가 꼭짓점이 되어 하늘에 커다란 육각형을 그려낸다. 천구에는 나와 놀아날 별자리가 무궁무진하다.

저 멀리서 살랑대는 작은 불빛과 함께 노랫소리가 들린다. 조심스럽게 다가가 보니 젊은 남녀 예닐곱이 모닥불 주위에 둘러앉아 통기타를 치며 노래하는 한 청년을 바라보고 있다. 노래의 멜로디가 친근하고 익숙하다. 아들에 대한 사랑을 노래한 '아낙'이다. 발표된 지 수십 년이 넘은 필리핀 가수의 노래를 산골 마을의 청년이 부르고 있다. 비록 줄 하나가 빠진 낡은 기타와 수줍은 청년의 목소리지만 듣고 있는 모두를 사로잡을 만큼 감미롭고 따뜻했다.

한 젊은 여성이 앉았던 통나무 한쪽 편을 내게 비워 준다. 나는 그녀

에게 입 모양으로 고맙다고 인사하며 조용히 앉는다. 청년이 새로운 노래를 시작한다. 이번 곡은 젊은이 모두가 다 같이 부른다. 모닥불 불빛에 아롱거리는 얼굴들이 때 묻지 않은 젊음을 정답게 노래한다. 세 개의 손전등 불빛 뒤로 나의 트레킹 동료 다섯이 모닥불 주위로 다가온다.

연주를 끝낸 청년이 코드를 바꿔 가며 줄을 몇 번 튕긴 다음 고개를 든다. 그리고 이방인 관객들을 훑어보더니 뜬금없이 내게 기타를 넘긴다. 기타를 넘겨받은 나는 잠시 선곡을 고민한 후 노래를 시작한다.

Che bella cosa 'na jurnata 'e sole

N'aria serena doppo na tempesta!

오 맑은 태양 정말 아름답구나

폭풍우 지난 후 더욱 찬란해

내가 선택한 노래는 트레킹 중에 많은 얘기를 주고받으며 친해진 알폰소와 에밀리아를 위한 이탈리아의 가곡 '오 솔레미오'다. 학창 시절 음악 실기시험으로 불렀던 노래로서 가사가 머릿속 귀퉁이에 대충 남아 있었다. 그래서 나는 몇 소절만 부르고 얼버무리려 했다. 그런데 노래를 부르다 보니 기억은 생각과 달리 명료했다. 소절이 끝날 때마다 다음 가사가 술술 나와 노래를 끝까지 이어갈 수 있었다. 후렴구에서는 알폰소와 에밀리아를 비롯한 트레킹 동료들뿐만 아니라 미얀마 젊은이 몇몇도 따라 부른다.

'O sole, 'o sole mio

Sta 'nfronte a te! Sta 'nfronte a te!

나의 태양, 나의 태양은

그대의 얼굴에서 빛난다네, 그대의 얼굴에서 빛난다네

　마지막 구절에서는 약속이나 한 듯 모두가 하늘을 향해 두 팔을 벌
리고 목청을 크게 돋운다. 별빛이 내려앉은 우리들의 얼굴에는 웃음
꽃이 가득 핀다.

제5부

쿠바

C U B A

운명적인 아바나

공항을 떠나온 택시는 한 시간 넘게 밤 깊은 아바나 거리를 헤매는 중이다. 고풍스러운 바로크 양식 건물들의 화려함을 빼앗은 어둠이 도시를 온통 잿빛으로 만들어 놓았다. 올드카의 낭만으로 가득했을 도로만이 간간이 선 가로등에 의해 옅은 노란색으로 채색될 뿐이다. 무뎌진 전조등 불빛을 더듬이 삼아 짧게 내민 택시는 까삐똘리오 뒤쪽 골목길 여기저기를 뱅글뱅글 맴돈다. 택시 기사는 내가 준 쪽지에 적힌 까사(쿠바 식 민박집) 주소를 풀리지 않는 문제처럼 보고 또 보지만 좀처럼 답을 찾지 못하는 것 같다.

쿠바는 인터넷 불모지이다. 유선 인터넷이 연결된 컴퓨터에서 메일 하나를 열어보는 데 몇십 분이 걸리기도 한다. 무선 인터넷 연결은 중계기가 있는 도시별 몇 군데의 지정 장소에서만 가능하다. 당연히 속도는 유선보다 더 느리다. 이렇게 무선 인터넷 환경이 제대로 구축되어 있지 않은 쿠바에서 내비게이션은 상상할 수도 없다. 지도에 의존

하거나 행인에게 길을 물어 목적지를 찾아가야 한다.

 가로등 없는 좁은 골목에 엉켜 퍼덕이던 택시가 큰길로 간신히 빠져 나온다. 왼쪽으로 방향을 틀어 속도를 내던 택시는 까삐똘리오 오른 편에 있는 공원에 도착한다. 기사가 사이드 브레이크를 힘차게 잡아당겨 덜컹대는 차에서 내린다. 그리고 건너편에 세워진 자동차로 뛰어가 운전자에게 쪽지를 보여 주며 대화를 나눈다. 한참 후에 돌아온 기사는 택시를 돌려 까삐똘리오 앞 넓은 도로로 향한다. 미국 국회의사당을 본떠 만든 까삐똘리오는 아바나의 상징 건물답게 한밤중에도 환한 조명을 받으며 무대의 주인공처럼 서 있다. 까삐똘리오를 끼고 좌회전하는 택시의 주행에는 여전히 자신감이 없다. 기사의 오목한 얼굴이 힘겨워 보인다. 이대로라면 날이 새도 우리 둘은 택시 안에 갇혀 있을 게 뻔하다. 예정된 까사를 포기하고 다른 숙소에 묵어야 할 것 같다. 아바나 시내에서는 까사임을 나타내는 표식이 걸린 집을 심심치 않게 발견할 수 있다.

 "여기 세워 주세요."

 룸미러를 향해 고개를 뺀 기사가 의아한 표정으로 나를 바라본다.

 "수고했어요. 여기서 내릴게요."

 그제야 알아들은 그가 쑥스럽게 웃으며 차를 세운다. 공항에서 흥정을 통해 결정한 택시비 25쿡(CUC, 쿠바의 외국인 전용 화폐단위로 현재는 사라짐)을 주니 기사는 계속 돌았다는 손짓을 하며 추가 운임을 요구한다. 5쿡을 더 주니 고맙다며 내게 엄지를 세워 준다. 그리고 날째게 트렁크로 달려가 내 배낭을 꺼내어 인도 위에 서 있는 내 옆에 내려놓는다. 기사가 청한 악수를 받고 있는데 위에서 여자 목소리가 들린다.

"호아끼나?"

고개를 들어 보니 중년의 두 여자가 도로 옆 건물 2층 발코니 난간에 기대어 나를 내려다보고 있다.

"네? 뭐라고요?"

내가 물었다.

"호아끼나?"

오른쪽의 여자가 말했다. 내가 찾는 숙소의 이름이다. 아니, 택시 기사가 더 간곡하게 찾았을 이름이기도 했다.

"거기가 호아끼나 까사예요?"

나는 놀란 목소리로 물었다.

"네, 내가 호아끼나예요."

호아끼나가 난간을 짚었던 두 손을 펼쳐 보이며 말했다. 택시 기사와 나는 커진 눈으로 서로를 바라보며 웃는다. 그토록 애타게 찾던 주소가 까삐똘리오 바로 옆 대로변에서 훤히 보이는 건물이었다. 무엇보다 놀라운 것은 포기의 순간에 택시가 이 앞을 지나가고 있었다는 것이다. 이곳을 찾아 헤맸지만 닿을 수 없었고 끝을 알 수 없기에 그만두기로 했다. 그렇게 시간의 축을 달려 결정적으로 찍은 공간의 좌표는 우연히도 목적지와 정확하게 일치했다. 게다가 그 시간에 호아끼나

마저 발코니에 나와 있었다는 것까지…. 우연이라고 하기엔 너무나 필연적이고 운명적인 만남이다.

모든 만남은 시간과 공간의 좌표가 서로 일치할 때 이루어진다. 시공간의 일치는 수많은 경우의 수를 가진 자의적 결정과 어쩔 수 없는 선택으로 이루어진 우연들의 귀결이다. 그런데 반복된 우연은 더 이상 우연이라 할 수 없다. 필연이라 할 수 있는 운명이다. 여행지에서의 만남은 더욱더 그렇다. 그것은 늘 그랬던 터전을 떠난 미지의 장소에서 내가 볼 수 없었고 나를 볼 수 없었던 사람들과 맞닥뜨린 기적 같은 순간이기 때문이다. 인도 기차에서 가족과의 만남이 그랬고 말리 버스에서 청년과의 만남이 그랬다. 미얀마의 불탑에서 승려와의 만남이 그랬으며 터키 트램에서 소녀와의 만남이 그랬다. 그리고 여기, 또다시 겹친 우연인 것 같은 지금의 필연을 시작으로 쿠바 여행의 모든 만남도 태곳적부터 계획된 돌이킬 수 없는 운명이리라. 그리고 나는 그 기적의 만남을 가슴 깊이 새겨 두었다가 살아가는 동안 소중하게 꺼내 보며 우연히 그리워할 것이다.

택시 기사가 발코니의 두 여자와 웃음을 섞어가며 스페인어로 대화를 나눈다. 내게 남은 미안함을 털어내선지, 아니면 절묘한 성취에 흥분해선지 몰라도 그의 표정이 상기되어 있다. 나와 재차 악수를 한 기사가 트렁크를 닫고 운전석으로 달려가 서둘러 올라탄다. 택시는 희뿌연 연기를 뿌려놓고 까삐똘리오 뒤에 숨은 어둠 속으로 사라진다.

"환영합니다. 그쪽 입구로 들어오세요."

발코니에 홀로 남은 호아끼나가 인사했다. 나는 배낭을 메고 호아끼나가 가리킨 건물 입구로 들어간다. 전등 하나 없는 깜깜한 통로는 바깥의 가로등 불빛을 빌어 연명한다. 나무를 덧댄 낡은 계단이 희미하게 나타난다. 조심스럽게 계단을 올라가다 보니 좁고 높은 문 하나가 환한 빛을 쏟아내며 열린다. 문 앞에는 호아끼나 옆에 있던 여인이 웃으며 서 있다.

"올라!"

그녀가 비켜서며 인사했다.

가시면류관을 들고 있는 천사가 아바나 대극장의 양쪽 첨탑 위에서 날개를 펴고 비상을 준비하는 듯하다. 이 도시의 건물 중에 가장 섬세하고 화려한 모습을 지닌 아바나 대극장은 까삐똘리오보다 그 역사가 오래다. 외벽 곳곳을 장식하고 있는 조각상들은 건물의 고색창연함을 한층 더 발하게 한다. 주말마다 이곳 무대에 오르는 발레 공연은 쿠바의 대표적인 건축과 예술을 한자리에서 경험하는 특별함을 선사한다. 대극장 앞에는 형형색색의 올드카들이 도로를 전시장 삼아 즐비하게 늘어서 있다. 드라이버들은 옆 동료와 이야기를 나누면서도 원색의 자동차를 수시로 걸레질한다. 카리브해의 눈부신 태양 아래 올드카들은 더욱 투명하게 번쩍인다.

쿠바는 한때 미국의 부호들과 마피아들의 휴양지이자 유흥가였다. 그들은 달러를 싸 들고 쿠바로 건너와 호텔과 카지노를 지어 놓고 시가 연기를 거리마다 뿜어 대며 파도치는 말레꼰에서 술에 취한 드라이브를 즐겼다. 그렇게 미국인들은 자국의 뒷골목쯤으로 여기는 이곳에 욕망의 배설물들을 맘껏 싸 놓았다. 그러다가 1959년에 발발한 혁명으로 쿠바에서 난데없이 쫓겨나면서 가져왔던 자동차들을 모두 버리고 가게 되었다. 이후 쿠바에 대한 미국의 금수조치로 인해 신차를 들여오기 힘들어지자, 그들이 버리고 간 자동차들을 쿠바인들이 고쳐 쓰면서 멋진 올드카로 재탄생했고 지금까지 거리를 활보하게 된 것이다. 역설적이게도 경제봉쇄 정책으로 인해 만들어진 올드카는 쿠바 관광 수입에서 큰 역할을 담당하고 있다. 많은 관광객이 파스텔 색조의 고풍스러운 건축물을 배경으로 미끄러져 가는 올드카의 낭만에 끌려 환상의 섬 쿠바를 찾는다.

도로 한가운데 주차된 올드카들 양옆으로 또 다른 교통편들이 눈에 들어온다. 오토바이를 개조해 만든 헬멧같이 생긴 노란 코코 택시를 비롯해 말이 끄는 마차 택시, 사람이 끄는 세발자전거 택시, 그리고 현대식 자동차들이 오고 간다. 아바나의 거리는 예와 지금의 다양한 탈것들이 공존하는 거대한 교통 박물관이다.

대극장 옆에 웅장한 외관이 돋보이는 잉글라떼라 호텔의 테라스 카페에서 벌어지는 차랑가(관악기와 타악기로 구성된 밴드)의 공연이 행인들의 발길을 묶는다.

아바나 거리 어디에서나 음악은 쿠바인들의 뜨거운 심장박동처럼 끊임없이 요동친다. 팀바, 룸바, 살사, 재즈, 차차차, 록 등 온갖 장르의

음악들이 거리마다 뿜어져 나오고 메아리가 되어 다시 골목 구석구석
으로 울려 퍼진다. 녹음 짙은 공원 벤치에 앉아 룸바 드럼을 온종일
두드리고 바람 부는 말레꼰에 서서 트롬본을 밤늦도록 연주하며, 나
이 지긋한 밴드가 '찬찬'을 구성지게 부르고 타투를 새긴 록밴드는 '체
게바라'를 강렬한 비트로 찬양한다. 아바나의 음악은 이들의 삶을 닮
아 멈추지 않는다.

테라스 카페의 밴드가 '부에나 비스타 소셜 클럽(2001년에 개봉한 다큐
멘터리 음악 영화)'으로 익숙한 노래 '칸델라'를 연주하고 있다. 카랑카랑
한 여성 가수의 목소리와 탄탄하게 조율된 타악기의 음색이 어우러져
원곡과는 또 다른 매력을 발산한다. 나는 유쾌한 리듬에 맞춰 쿠바에
서 가장 오래된 호텔, 잉글라떼라로 들어간다. 로비 왼쪽에 자리 잡은
여행사는 밖의 정경과 달리 차분했다. 사무실 입구 쪽에 따로 배치된
책상에 앉은 여직원이 나를 맞는다.

"내일 트리니다드로 가는 버스 티켓을 사려고 합니다. 가능한가요?"

"네, 물론이죠."

그녀가 웃으며 대답했다. 그리고 트리니다드로 가는 비아술(쿠바 식
시외버스)은 내일 아침 8시에 호텔 앞에서 출발한다고 알려 주며 버스
티켓을 내게 건네준다. 그런데 여직원의 얼굴이 어디서 본 듯하다. 기
억 속을 더듬는 나의 고갯짓을 그녀가 따라 하며 가볍게 웃는다. 여직
원의 미소에서 내가 만났던 얼굴 하나를 끄집어내려 안간힘을 써 보
지만 탐색의 날은 점점 무뎌지기만 한다. 나는 갑갑한 마음을 도려내

지 못한 채 그녀에게 어설픈 인사를 하고 사무실 문으로 걸어간다.

"호아끼나?"

내가 돌아서서 까사 이름을 대자 여직원은 빙그레 웃으며 고개를 끄덕인다. 아무리 생각해 내려 해도 도통 떠오르지 않던 누군가가 문고리를 잡는 순간 나타난 것이다. 그녀는 쿠바 도착 첫날에 묵었던 숙소에서 주인장 호아끼나와 함께 나를 맞았던 중년 여성과 너무나도 닮아 있었다. 여직원은 그 중년 여성의 동생 까를라라고 자신을 소개했다. 그리고 그날의 놀라운 한 동양인 여행자의 한밤중 숙소 도착기도 들었다고 했다. 나는 그 이야기의 주인공이 바로 나라며 부산을 떨었다. 따지고 보면 나와 까를라는 그리 대단한 인연도 아니다. 그런데도 오랜 지인을 만난 것처럼 마냥 반가웠다. 아는 이 하나 없고 알아보는 이 하나 없는 혈혈단신의 여행지에서 흔히 겪는 일, 인연에 대한 감정의 증폭이다. 옆에 다른 손님이 왔다는 것을 뒤늦게 알아챈 나는 까를라와 급하게 인사를 다시 나누고 사무실을 나선다.

"좋은 여행 되세요."

까를라의 친절한 목소리가 뒤에서 들렸다.

잉글라떼라 호텔 맞은편 중앙공원 도로변에서 시티투어용 오픈버스가 손님들을 태운다. 빨간색 이층버스의 아래층은 텅 비었고 지붕 없는 위층에만 승객들이 꽉 들어찼다. 퍼붓는 햇빛을 선글라스 하나로만 가린 사람들은 파란 하늘 아래 펼쳐진 이 도시를 마치 점령이라도 한 듯 하나같이 흐뭇한 표정이다. 아바나의 명소마다 깃발을 꽂으

며 관람하고 싶은 이들의 열정을 열대의 뜨거운 태양도 막아서지 못하는 듯하다.

중앙공원 한쪽에는 쿠바 독립운동의 아버지이자 라틴아메리카 문학사의 한 페이지를 장식하는 인물이기도 한 호세 마르티의 동상이 자리하고 있다. 호세 마르티 탄생 100주년을 맞이해 혁명 광장에 세운 109m 높이의 거창한 기념탑에 비해 초라한 동상 앞을 오래된 바늘구멍 사진기가 지키고 있다. 나무 합판이 맞닿은 모서리를 테이프로 덕지덕지 붙여 만든 직육면체의 어둠상자는 빛을 차단하기에는 부족해 보였다. 어둠상자 앞쪽으로 튀어나온 주둥이에는 검은 테이프를 두른 둥그런 뚜껑이 렌즈가 아닌 바늘구멍을 덮고 있다. 투박한 몸통을 버티며 좁게 선 나무 삼각대에는 사진사의 잡동사니를 담은 검은 비닐봉지가 삐딱하게 매달렸다. 따가운 햇볕에 눈살을 찌푸리고 앉아 있던 사진사는 관심을 보이는 내게 손가락 세 개를 펴 보이며 말한다.

"3쿡"

"3쿡?"

내가 똑같이 손가락 세 개를 펴며 물으니, 그가 고개를 끄덕이며 일어선다. 사진기 앞에 나를 세운 사진사는 바늘구멍을 덮고 있던 뚜껑을 한 번 열었다 닫는다. 이어서 어둠상자 위 구멍을 들여다보며 상자 뒤에 달린 검은 토시 속으로 팔을 집어넣고 한참을 꼼지락거린다. 이제는 암실이 된 어둠상자 속에서 현상 작업을 하는 모양이다. 잠시 후 그는 암실에서 명암이 뒤바뀐 네거티브 사진을 꺼내 바늘구멍 앞에 댄다. 그리고 포지티브 사진을 얻기 위해 한 번 더 뚜껑을 여닫아 촬영한다. 또다시 현상 작업을 거쳐 나온 흑백사진에는 흐릿한 내 모습이 먼 과거처럼 담겨 있었다. 나는 사진학 개론 수업의 첫 시간 '사진기의 원리' 편을 수강한 것 같은 흥미로움을 느낀다. 시범 실험으로 강의를 끝낸 사진사는 실험에 쓰인 100년이 넘은 사진기의 유래와 역사에 대해 설명을 이어간다. 할아버지가 만든 사진기는 아버지를 거쳐 자신이 물려받았고 이제는 아들에게 넘길 것이라고 한다. 사진기에 매료된 수집가의 장식장에나 진열됨 직한 그의 오래고 낡은 사진기는 여전히 현장에서 여행자의 추억을 생산해 내고 있다.

중앙공원에서 북쪽으로 이어지며 아바나를 동서로 나누는 중심도로 복판에는 보행자도로인 쁘라도가 있다. 양옆으로 빽빽이 들어선 가로수 사이의 넓고 쾌적한 쁘라도를 걷다 보면 말레꼰에 닿는다. 쁘라도는 단순한 보행자 도로를 넘어 더위를 식히는 시민들의 산책로이자 아이들의 놀이터이기도 하다. 주말에는 아마추어 예술가들의 그림이나 사진, 수공예품 등을 전시하는 화랑으로 변모하여 많은 관광객과 시민들을 불러 모은다.

나는 어촌마을 코히마르로 가기 위해 쁘라도 옆 버스 정류장으로 향한다. 쿠바의 버스 정류장은 별다른 표식이 있지는 않지만, 사람들이 모인 곳에 버스가 드나드는 것을 보고 쉽게 알아차릴 수 있다. 그런데 정류장에서 버스를 타기 위한 줄은 따로 서지 않는다. 줄은 보

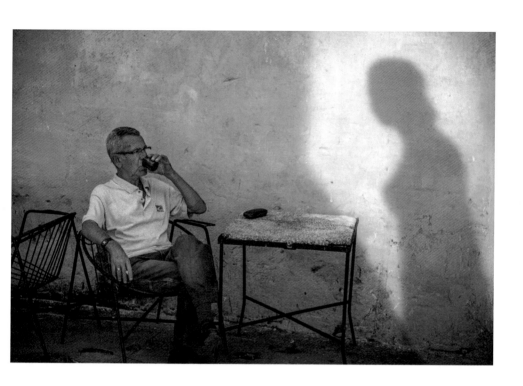

이지 않고 사람들이 제각각 흩어져 있지만, 탑승 순서는 정해져 있다. 그것은 쿠바의 독특한 줄 서기 방식인 '울띠마(마지막)' 때문이다. 새로운 사람이 버스를 타러 오면 기다리고 있던 무리에게 버스 번호와 함께 "울띠마?"라고 묻는다. 그러면 줄의 마지막인 사람이 손을 들어 답하거나 주변 사람들이 마지막인 사람을 알려 준다. 그리고 버스가 도착하면 기다리던 순서, 즉 각자 본인의 앞사람 뒤를 따라 승차하면 된다. 이 줄 서기는 버스를 탈 때뿐만 아니라 피자를 살 때, 환전할 때, 상점에 입장할 때 등 모든 상황에 적용된다. 영국에서 시작되어 전후 식량과 생필품 배급 등에서 서구사회에 퍼진 한 줄 서기보다 더 진일보한 질서 문화이다. 우리나라에서도 1990년대 시민단체의 캠페인으로 공공장소에서 볼 수 있는 한 줄 서기는 선입선출이 보장되기에 각 줄 서기보다 상대적으로 합리적이고 공평하다고 여겨진다. 그러나 한 줄 서기에는 단점이 있다. 기다리는 사람이 많으면 많을수록 줄이 마냥 길어진다는 것이다. 이에 따라 한 줄 서기를 위해서 서비스업체에는 물리적으로 줄을 설 장소를 만들어야 하는 공간적 제약의 부담이 있다. 기차역이나 공항처럼 내부 공간이 넓거나, 관공서나 은행처럼 대기실을 만들어서 번호표 방식을 채택할 수 있는 게 아닌 이상 일반 마트나 소규모 상점 등에서는 이 방식을 도입하기 힘들다. 이런 한 줄 서기의 단점을 해결할 수 있는 것이 바로 쿠바의 한 줄 서기인 울띠마이다. 울띠마는 시야 안의 편한 공간에 각자 머물며 순서를 기다리기에 넓은 대기 공간이 필요치 않다. 우리나라와 같이 인구 밀집도가 높은 나라에서 유용한 줄 서기 방식이다. 다만 줄을 설 때마다 멀찍이 떨어져 개인 간의 거리를 두고 남과의 대화를 꺼리는 습성을 지닌 북유럽 사람들에게는 오히려 탐탁지 않은 질서일 수도 있다.

역시나 버스 정류장에 사람들이 줄 없이 흩어져 있다. 코히마르를 가기 위해서는 해저터널을 지나 한 정거장 다음의 모로성에서 버스를 갈아타야 하기에 나는 울띠마를 외치지 않았다. 버스를 먼저 타 좋은 자리를 선점할 우선권이 내게는 필요하지 않았기 때문이다. 정류장 뒤쪽 건물에 있는 쿠바노스(쿠바 식 샌드위치) 가게에서 풍기는 고소한 기름 냄새가 코를 자극한다. 쿠바노스를 한가득 베어 물어 우적거릴 생각에 가게 앞으로 다가가던 나는 갑작스레 돌아선다. 가게에서 파는 샌드위치는 두툼한 빵 사이에 기름에 튀긴 돼지고기만 끼워져 있다. 채소는 고사하고 그 흔한 피클조차 보이지 않는다. 고였던 침이 사라지며 입안이 퍽퍽해진다. 나는 배낭에서 꺼낸 생수로 마른 목을 축인다.

말레꼰에서 불어온 높은 바람이 쁘라도에 우거진 나무 꼭대기를 출렁이며 지나간다. 흔들리는 그늘에서 파란색 교복을 입은 어린 학생들이 선생님의 호루라기에 맞춰 축구공으로 드리블 연습을 한다. 중절모를 쓴 노인이 그 모습을 아이처럼 웃으며 바라본다. 내 앞에서 솟아오른 검은 비닐봉지 하나가 까삐똘리오 쪽으로 날아간다. 바람이 향한 곳에서 파란색 굴절버스가 다가온다. 가운데 관절이 좌우로 꺾이며 정

류장으로 들어오는 버스의 모습이 장난꾸러기 손에 다리가 잡혀 버둥
거리는 여치 같다.

행복을 알려 준 코히마르

쿠바를 여행하면서 가장 자주 마주치는 인물은 아르헨티나 출신의 젊은 의사 체 게바라이다. 쿠바의 근대사를 거슬러 올라가다 보면 뜨거웠던 혁명의 시간 중심에 선 체 게바라를 만나게 된다. 초심을 잃고 독재자로 생을 마감한 피델 카스트로와 함께 혁명을 완성한 체 게바라는 열렬한 칭송과 달콤한 권력을 뒤로하고 남미 대륙의 볼리비아로 건너가 또 다른 게릴라 혁명을 지원하다 정부군에게 잡힌 후 39세의 젊은 나이에 형장의 이슬로 치열했던 삶을 마감한다. 중남미를 넘어 세계적인 열풍을 불러일으킨 인기의 비결은 체 게바라의 이런 혁명가로서의 열정과 극적인 삶, 그에 더해 준수한 외모 때문인 듯싶다. 쿠바 내 모든 지역의 기념품 가게를 비롯한 상점, 길거리 책방, 건물 외벽 등에서 체 게바라가 그려진 티셔츠와 모자, 책, 벽화들을 쉽게 발견할 수 있다.

체 게바라가 전국적으로 추앙받는 인물이라면 아바나에서만큼은 헤밍웨이가 체 게바라에 버금가는 인기를 누리고 있다. 헤밍웨이가 다이키리를 마시기 위해 매일 들렀다는 술집, 장기간 투숙하며 『누구를 위하여 종을 울리나』를 집필했다는 호텔은 항상 문전성시를 이룬다. 그에 비해 헤밍웨이가 머물며 노벨상 수상에 빛나는 『노인과 바다』를 집필한, 작은 바다를 품은 코히마르는 찾는 사람이 많지 않아 적막하기까지 하다.

모로성 정류장에서 갈아탄 조그만 마을버스는 현지인들로 꽉 들어차 있었다. 한참을 달려 기사의 안내로 내린 정류장에는 이곳이 코히마르임을 알 수 있는 그 어떤 이정표도 없었다. 마을 길에도 오가는 사람 하나 없어 나는 닫힌 대문을 두드려 가며 길을 물어 작은 포구에 도착했다. 왼쪽 멀리 보이는 상아색의 코히마르 요새와 그 건너편 녹색의 코히마르 등대 사이로 열린 카리브해의 푸른 물결이 한눈에 들어온다. 20년이 넘는 오랜 세월을 쿠바에서 보냈던 헤밍웨이는 마음이 복잡하고 지칠 때마다 아바나 동쪽에 있는 이 오붓한 어촌마을을 찾아 낚시를 즐기고 물놀이를 하며 소설 속 주인공인 산티아고 선장과 술잔을 기울였을 것이다.

헤밍웨이가 자주 들렀다는 레스토랑의 벽면에는 헤밍웨이의 사진과 그림들이 빈틈없이 걸렸다. 많은 사진 중에 '헤밍웨이 낚시대회'에서 우승한 피델 카스트로에게 헤밍웨이가 트로피를 전달하는 장면의 사진이 유독 눈에 띈다. 지금도 매년 5~6월에 '헤밍웨이 국제 낚시대회'가 이곳에서 열린다. 카스트로 사진 아래에 주름지고 마른 미소의 초상화 하나가 걸려 있다. 『노인과 바다』의 실제 모델로 알려진 늙은 어부 푸엔테스이다. 나는 눈을 찡그리며 그의 표정을 내 얼굴에 베껴 그려 본다.

"다이키리 한 잔 줄까요?"

레스토랑에 들어서면서 눈인사를 나눴던 백발의 바텐더가 팔짱을 끼고 서서 내게 물었다.

"네, 당연하죠."

나는 흔쾌히 대답했다. 잠시 후, 사진과 그림들을 마저 감상하고 있는 내게 바텐더는 뚝딱 만들어낸 뽀얀 다이키리 한 잔을 건네준다. 나는 헤밍웨이가 머물렀던 창가 테이블에 앉아 차가운 술잔을 기울인다. 열린 창문으로 바다 향 가득한 포구가 파도처럼 밀려 들어와 조여진 목구멍으로 넘어간다.

레스토랑을 나와 오른쪽으로 걷다 보면 작은 갤러리 하나가 나온다. 외벽에는 헤밍웨이와 푸엔테스가 커다란 청새치를 들고 선 모습이 그려졌다. 벽화 옆에 걸어 놓은 그림들을 감상하고 있는 내게 누군가 말을 건넨다.

"올라!"

뒤를 돌아보니 갤러리 맞은편 집 앞 의자에 앉아 있는 초로의 부부가 웃으며 손을 든다. 나도 인사하며 부부에게 다가가 짧은 대화를 나눈다. 부부는 이곳에서 평생을 보냈고 풍족하지는 않지만, 어부로서의 삶이 행복하다고 했다. 야구 모자를 멋들어지게 비껴 쓴 남편이 과장된 자세를 취하며 사진을 찍어 달라고 한다. 찍은 사진을 액정 화면으로 보여 주는 내게 그가 갑작스러운 질문을 한다.

"당신은 행복합니까?"

"네, 물론이죠."

즉각적이고 무의식적인 대답을 한 후에 나는 나에게 되물었다.

'과연 나는 행복한가?'

곧바로 노인이 나의 물음에 답을 준다.

"맞아요. 멀고 먼 한국에서 이곳으로 여행을 왔으니, 당신은 지금 행복하겠군요."

그렇다. 지금이 행복한 나는 행복한 사람이다.

"네, 맞습니다."

나는 깨달으며 대답했다.

행복은 설계되고 계획되는 것이 아니기에 현재가 규정한다. 행복은 충족된 미래가 아니라 살아가는 지금이어야 한다. 사람들은 각자의 가치에 따라 설정한 미래가 행복일 거라고 예단한다. 그리고 그것을 성취하기 위해 지금을 오롯이 소모한다. 이름난 학벌을 따기 위해 지금을 희생하고, 비싼 아파트에 살기 위해 지금을 포기하며, 높은 자리에 올라가기 위해 지금을 외면한다. 그러나 힘들게 도달한 행복의 격정은 기대와 달리 지속 가능하지 않아 잠시 머물다 썰물처럼 비워진다. 그렇게 찾아온 공허와 무상은 또 다른 조건으로 설정된 미래를 요구한다. 또다시 멀어진 행복, 지금을 도구로 소진하여 동력이 고갈된

이에게는 이젠 닿을 수 없는 신기루가 된다. 결국 자신이 정한 행복에
는 이르지 못하는 것이다. 우리의 삶은 크고 작은 지금의 행복들이 모
이고 쌓이면서 단단해지고 윤택해진다. 행복을 인생의 목표가 아닌
수단으로 살아가는 삶이야말로 진정 풍요롭고 안정적이다.

나는 해안을 따라 난 길을 걷는다. 포구 서쪽 끝 코히마르 요새 옆
에 작은 헤밍웨이 기념 공원이 있다. 여섯 개의 기둥으로 이뤄진 흰색
의 원형 구조물이 헤밍웨이의 흉상을 에워싸고 있다. 덥수룩한 헤밍웨
이의 수염 아래에서 하얀 중절모를 쓴 할아버지가 기타를 치며 호세
마르티의 시에 곡을 붙인 '관타나메라'를 부른다. 할아버지 옆에는 목
발이 가지런히 누여져 있었다. 노래가 끝날 때쯤에 할머니가 마을 어
귀에서 걸어와 할아버지 옆에 가만히 앉는다.

"관타나메라 과히라 관타나메라…"

투박하지만 정감 어린 노래가 끝나고 서로 인사를 나눴지만, 스페인
어를 못하는 나로 인해 더는 대화를 이어 가지 못했다. 셋은 각자의
햇살을 맞으며 서로 다른 세 개의 시선으로 포구를 바라본다. 잠시 후
할머니가 기타를 들고 일어서자, 할아버지가 목발을 짚고 할머니의 뒤
를 따른다. 노부부는 나에게 손을 흔들며 마을 쪽으로 오랫동안 걸어
갔다. 노부부가 떠난 자리에는 포구에 깃든 추억을 아련하게 바라보는
헤밍웨이만이 외로이 남겨졌다.

세계적인 대문호로 많은 사랑과 존경을 받았던 헤밍웨이의 삶은 그
리 순탄하지 못했다. 여성 편력에 의한 이혼의 아픔을 세 번 겪었고

아프리카에 머물 때 두 번의 비행기 추락 사고를 당했으며 오랫동안 그 후유증에 시달렸다. 제2의 고향이자 위대한 문학작품을 잉태해 준 쿠바에서 혁명 직후 미국인이라는 이유만으로 쫓겨나야 했고 추방된 다음 해인 1961년에 고통과 괴로움에 간힌 채 자택에서 스스로 생을 마감했다.

나는 엉덩이를 털며 일어나 상념에서 빠져나온다. 그리고 왔던 길을 되돌아 걸어간다. 해변 위를 가로지르며 날아가는 갈매기의 그늘진 가슴에 반사된 흰 물결이 언뜻 비친다. 시선을 내려 헤밍웨이 공원과 작은 요새를 미련으로 돌아볼 때쯤에 선창다리가 나타난다. 포구 안으로 길게 놓인 다리 위에서 마을 사람 몇몇이 낚시하고 있다. 선창다리는 모진 풍파에도 꿈쩍하지 않을 것 같은 콘크리트 구조지만 군데군데 칠이 벗겨지고 깨져 있었다. 지금은 평화롭지만 아마도 긴 시간을 거센 파도와 맞서며 보냈나 보다. 나는 다리가 지나온 세월만큼이나 천천히 그 위를 산책한다. 선창다리 끝에는 나무판자를 이어 붙여 만든 데크가 설치되어 있다. 데크 위에서 사람들이 나의 인사를 반가이 받아주고는 이내 자신의 낚싯대에 집중한다. 나는 햇볕을 쬐며 누워 있는 검둥이 옆에 자리를 잡고 앉는다. 그리고 수많은 역경 속에서도 꿈을 포기하지 않았던 한 늙은 어부의 삶이 새겨진 카리브해의 푸른 물결을 바라본다.

유년의 기억, 트리니다드

비아술 버스는 30분째 마을 안쪽으로 진입하지 못하고 좁은 골목
에 묶여 있다. 한낮의 트리니다드는 뜨거웠다. 멈춰 선 자동차와 버스
에서 내린 사람들이 그늘진 벽에 붙어 서서 답답함을 달랜다. 자동차
교행이 어려운 마을의 골목길에 차들이 뒤엉켜 있는 듯했다. 아바나에
서 비아술을 기다리며 인사를 나눴던 일본인 청년은 짐칸에서 자기
배낭을 꺼내 숙소를 찾아가겠다며 막힌 도로 속으로 뚜벅뚜벅 걸어간
다. 몇몇 여행자들도 짐칸에서 배낭을 꺼내 그의 뒤를 따른다. 나는
뜨거운 열기를 피해 버스 안으로 들어와 앉아 도로가 뚫리기만을 기
다린다. 차창 밖에 갇힌 풍경은 그런대로 볼 만해 시간을 보내기에 큰
어려움은 없을 것 같다. 예쁘게 색칠한 벽과 대비되는 색감의 문살과
창살, 카우보이모자를 쓰고 자전거를 끌며 지나가는 노인, 파란 교복
을 입고 뛰어가는 아이, 까만 선글라스를 손에 쥐고 걸어가는 빨간 하
이힐의 여성, 그들 위 좁은 벽 틈에 끼인 높다란 하늘….

스페인 식민지 초기에 계획도시로 건설된, '성 삼위일체'의 뜻을 지닌 트리니다드는 마치 시간이 멈춘 듯 건설 당시의 모습을 그대로 간직하고 있다. 파스텔 색조의 식민지풍 건물들과 그 사이사이에 놓인 둥글둥글한 호박돌이 박힌 도로는 이곳의 대표적인 특징이다. 1988년 유네스코에 의해 세계문화유산으로 지정된 트리니다드는 쿠바에서 가장 오래되고 매혹적인 마을로서 살아있는 문화유적지이다.

결국 버스 기사는 남아 있던 승객들에게 운행 불가를 통보했다. 비아술 터미널에는 많은 숙소 주인들이 손님을 잡기 위해 나와 있을 것이다. 그중 한 명을 선택해 따라갈 계획이었던 나에게는 충격적인 통보였다. 나는 투덜거리는 여행자들에 섞여 짐칸에서 배낭을 꺼내 메고 일본 청년이 갔던 길을 걸어간다. 벌써 이마에 땀이 흐른다.

여행 안내서의 지도를 펴고 비아술 터미널 쪽으로 걸어가려 했지만 현 위치가 어딘지를 알 수가 없다. 손바닥만 한 지도를 보여 주며 길을 물어보지만, 현지인들도 나만큼이나 지도가 낯설어 답하지 못한다. 지도를 접어두고 비아술 터미널과 가까운 마요르 광장을 물어물어 찾아간다. 뜨겁게 달궈진 거리에는 사람들의 왕래가 거의 없다. 마요르 광장까지는 거리가 꽤 되는 듯했다. 오늘은 이 근처에서 숙소를 잡기로 하고 까사 표식을 내건 집으로 들어가 보지만, 죄다 방이 없다고 한다. 여행자들이 모이는 지역이 아니어선지 까사를 찾는 것도 쉬운 일이 아니다.

"안녕하세요. 빈방이 있나요?"

"빈방이 없네요."

세 번째로 찾아 들어간 숙소 주인이 땀을 뻘뻘 흘리며 힘들어하는 나를 안쓰러운 표정으로 바라본다.

"혹시 짐을 맡아줄 수 있나요?"

"네."

주인은 흔쾌히 나의 집채만 한 배낭을 받아준다.

"숙소를 구한 후에 짐을 찾으러 오겠습니다."

"네, 그렇게 하세요."

나는 명함 한 장을 받아 들고 한결 가벼워진 몸으로 마요르 광장을 향해 이동하며 숙소를 찾는다.

한적한 골목에 주차된 올드카가 드문드문 보인다. 아바나의 도로를 달리는 번쩍이는 올드카와 달리 광택을 잃어 그 모습이 거칠고 남루하다. 운행을 멈춘 지 꽤 오래돼 보이는 차도 보인다. 오른쪽 골목에서 나타난 자동차 한 대가 다가온다. 울룩불룩 박혀 있는 호박돌들을 온전하지 않은 바퀴로 하나하나 힘겹게 넘는다. 건너편 골목을 가로지르는 마차도 팝콘이 터지듯 오톨도톨 튀어 오르며 자갈들을 넘고 있다. 조금 전 지나간 청년의 자전거도 그러했다. 트리니다드의 상징인 도로가 때로는 불편함의 상징이기도 하다.

한참을 걸었지만 까사 찾기가 쉽지 않다. 힘들게 찾은 까사 대부분은 잠겨 있었고 간혹 열린 곳은 빈방이 없었다. 까사 표식을 찾아내려 처마 아래를 꼼꼼히 살피며 올라온 길 한쪽에 마요르 광장이 나타난다. 광장이라기보다는 작은 공원에 가까운 마요르 광장에는 나와 있는 사람이 한 명도 없다. 퍼붓는 햇빛을 피할 넉넉한 그늘이 하나도 없기 때문이다. 주변 음식점들은 단체 관광객들로 인해 광장과는 대조적인 모습을 보인다. 홀 안에서 넘쳐 나온 손님들이 바깥에 깔아 놓은 간이 테이블까지도 모두 채웠다. 나는 음식점들 사이로 난 길을 걷다가 대문이 열려 있는 까사를 발견한다. 대문 안으로 난 계단을 따라 올라가니 잘 꾸며진 작은 중정이 나타난다. 테이블 중 하나에 카메라 배낭을 벗어 놓고 열기로 흠씬 젖은 몸을 의자에 떨군다. 그리고 배낭 옆에 꽂힌 물통을 꺼내 반 모금 남은 미지근한 물을 입안에 털어 넣는다. 잠시 후 나타난 여주인이 인사한다. 나는 간절한 목소리로 그녀에게 묻는다.

"방이 있나요?"

"다 찼어요."

우려했던 대답이 돌아왔다.

"다른 숙소를 알아봐 드릴까요?"

실망한 내 표정을 본 그녀가 안타까워하며 말했다.

"네. 감사합니다."

차가운 물 한 잔을 가져다준 주인은 현관문 옆 책상에 놓인 전화기를 들고 여기저기 통화를 시작한다.

"방이 있는 숙소를 찾았어요. 숙소 주인이 곧 올 거예요. 잠깐만 기다리세요."

축 처진 내게로 다가온 주인이 말했다.

얼마 지나지 않아 순박한 얼굴의 중년 남성이 계단으로 올라온다. 나는 남성과 짧은 인사를 나눈 후 테이블 위의 배낭을 집어 들며 숙소를 구해 준 여주인에게 감사의 말을 전한다. 그리고 계단을 내려가는 남성의 뒤를 따른다. 그런데 불현듯 떠오른 생각에 나는 그만 주저앉을 뻔했다.

'아! 배낭을 찾으러 그 먼 길을 다시 내려갔다 와야 하는구나.'

해가 저문 트리니다드 골목으로 시원한 바람이 시냇물처럼 흐른다. 기대앉은 산봉우리가 보내 준 산바람으로 뜨거웠던 마을이 서서히 식어 간다. 노란 가로등 불빛이 내린 골목길에 촘촘히 박힌 호박돌들이 햇살에 빛나는 윤슬처럼 반짝인다. 그 금빛 물길을 거슬러 손을 잡은 남녀가 사뿐사뿐 걸어간다. 나는 바람을 따라 야시장이 열리는 아랫마을로 내려간다.

왁자지껄한 야시장의 소리가 가까워지면서 거리에 사람들도 점점 늘어난다. 낮에는 보이지 않던 주민들이 선선한 밤이 되자 야시장을 핑계 삼아 거리로 나오는 것 같다. 지나치는 사람들의 표정에 생기가 돈다. 훤하게 불을 밝힌 야시장에는 다양한 먹거리와 수공예품, 신발, 의류 등을 파는 노점들이 들어섰다.

노란 천막 지붕을 덮은 가판대에 차려진 칵테일 바가 보인다. 붉은색 조끼에 말끔한 차림을 한 바텐더 청년이 나를 환한 웃음으로 맞이

한다.

"다이키리 한 잔 주세요."

"네, 다이키리 한 잔."

바텐더 청년은 주변 사람들에게 내 주문을 공표하듯 들뜬 어조로 복창한다. 주변에 칵테일 잔을 든 젊은이들이 눈인사와 함께 나의 국적을 묻는다.

"치노(중국인)?"

"수 꼬레아노(한국인)."

나의 대답에 젊은이들이 한목소리로 복창한다.

"오! 수 꼬레아노!"

이어서 엄지손가락을 들어 올리며 한국을 좋아한다, 한국 드라마 재밌다, 한국 노래 최고다 등 온갖 말로 우리나라를 치켜세운다. 잠시 후 바텐더 청년이 다이키리가 담긴 플라스틱 일회용 컵을 내게 건네며 소리친다.

"다이키리 한 잔이요."

바텐더 청년의 외침과 함께 주변에 젊은이들이 잔을 들고 몰려와 내 잔에 부딪히며 외친다.

"큐보 리베라(자유 쿠바)!"

나도 따라 외쳤다.

칵테일 바 옆에는 파란색의 크고 높은 천막 레스토랑이 있다. 하얀 셰프 모자를 높이 쓴 여러 명의 젊은이가 손님들을 기다린다. 넓은 레

스토랑을 채우기에는 시간이 좀 더 필요해 보였다. 골목을 따라 이어지는 가판대 사이사이에는 젊은이들이 친구들과 수다를 떨며 야시장의 흥을 나눈다. 모두가 나의 카메라에 대해 적극적인 반응을 보여 준다. 그리고 이어지는 말은 중국인이냐고 묻는다. 한국인이라고 말하면 칵테일 바에서와 같은 반응이 따라온다. 나는 국가대표가 된 듯한 기분에 괜스레 뿌듯함을 느낀다. 어릴 적 강요당한 국가주의의 망령인지는 몰라도 아무튼 기분은 좋다.

어둑한 골목 한쪽에 춤판이 벌어졌다. 스피커에서 뿜어져 나오는 댄스 음악에 남녀노소 불문하고 나서서 각양각색의 춤을 선보인다. 뒤쪽에서 지켜보던 엄마가 흥에 못 이겨 엉덩이를 흔들어 대며 딸의 손을 잡고 앞으로 나온다. 딸은 많이 당황해하는 눈치다. 나는 음악 소리를 뒤로하고 다시 마요르 광장으로 향한다.

마요르 광장 위쪽 작은 공터, 까사 델라 뮤지카에 많은 사람이 모여 밴드의 공연을 기다리고 있다. 아랫마을 야시장과는 달리 주로 외국인 여행자들이다. 성 삼위일체 성당 벽 쪽에 차려진 무대 위로 흰옷을 맞춰 입은 밴드가 공연을 위해 오른다. 까사 델라 뮤지카 앞 계단에 앉은 가족이 어둠에 가린 마요르 광장을 바라보며 바람을 맞는다. 누렁이 한 마리가 그 옆에서 요란한 기지개를 켜고 마른 하품을 한다. 계단 옆 레스토랑 건물 2층에서 삐져나온 작은 나무 베란다 위에 커플이 앉아 음식과 함께 담소를 나눈다. 커플의 다정한 분위기와 다르게 나무 베란다는 금방이라도 무너질 듯 위험해 보인다.

계단 앞 넓은 공터에도 위태로워 보이는 백인 커플이 있다. 젊은 커플이 살사댄스를 추고 있는데 남자의 춤이 여자의 춤을 따라가지 못한다. 여자는 사설학원에서 살사를 배운 것 같았다. 뒤쪽에서 그 광경을 보고 있던 레게 머리의 흑인 청년이 다가와 여자에게 춤을 청한다. 커플은 웃는 얼굴로 청년과 인사한다. 이윽고 여자는 청년과 함께 춤을 추기 시작한다. 그런데 청년의 춤이 예사롭지 않다. 자신이 정한 리듬에 맞춰 움직이는 동작 하나하나에서 힘과 민첩성이 느껴진다. 꼿꼿하게 세운 자세는 자신감이 넘치고 우아하게 회전하는 팔과 세련되게 뻗는 다리에서 부드러움과 수려함이 보인다. 청년의 춤에 빠져든 여자는 함박웃음을 지으며 청년에게 온몸을 맡긴다. 웃음으로 둘의 춤을 지켜보던 남자의 표정이 점점 굳어진다. 남자가 둘의 춤을 말리기에는, 여자와 청년은 살사에 이미 흠뻑 빠져 있었다. 남자는 어두운 표정으로 둘을 외면하며 몸을 점점 돌리더니 결국 완전히 뒤로 돌아선다. 오랜 시간 동안의 열정적인 춤을 끝내고 여자는 청년의 손을 아쉽게 놓는다. 떠나는 청년의 아련한 뒷모습에서 헤어 나온 여자는 그제야 연인의 존재를 깨닫고 돌아서서 있는 그에게 다가간다. 남자의 굳은 표정을 여자는 경련 섞인 웃음으로 달랜다. 그리고 남자의 손을 잡아끌어 컴컴한 골목길로 내려간다. 남자가 볼 것 없는 밤하늘을 두리번거리며 버티듯 따라간다.

밴드의 공연이 시작되자 사람들이 무대 앞으로 모여든다. 나도 계단을 올라 공연장 뒤쪽에 자리를 잡고 앉는다. 두 개의 건반과 관악기, 베이스기타, 드럼 등으로 구성된 밴드는 다양한 곡들을 연주한다. 익숙한 노래도 있고 처음 듣는 노래도 있었다. 두 명의 보컬 중 빨간 바지를 입은 남성의 음색이 매력적이다. 무대 바로 앞 공간에는 살사댄스에 자신 있는 관객이 나와서 춤을 춘다. 사람들은 두 공연을 관람하고 촬영하며 즐거워한다. 공연장 옆 카페의 웨이터가 관객들의 주문을 받아 술과 음료를 배달하느라 바쁘다. 웨이터에게 건네받은 잔을 높이 들고 노래를 따라 부르는 남성을 옆에서 동영상으로 열심히 촬영하는 여성이 재밌어한다. 밴드는 관객의 신청곡을 유료로 연주해 주기도 했다. 나는 아내의 생일이 내일인 것이 문득 떠올랐다. 이번 여행을 떠나오면서 생일을 챙겨 주지 못하는 것에 대해 미안함을 표하는 내게 아내는

괜찮다며 오히려 나의 여행을 응원해 주었다. 그런 고마운 아내에게 특별한 생일 선물을 하고 싶다. 나는 생일 축하곡을 신청하기 위해 무대 앞으로 간다. 그리고 핸드폰을 꺼내 녹화 버튼을 누르며 다짐한다.

'위기의 커플이 되지 말아야 해!'

숙소 앞 골목에서 아침을 깨우는 소리가 들린다. 창문을 열고 내다보니 다양한 교복을 입은 학생들이 재잘거리며 지나간다. 등굣길에 듬뿍 담긴 상큼한 아침 햇살이 눈부시다.

쿠바의 학생들은 정부 또는 학교에서 무상으로 제공하는 교복을 입는다. 상의는 주로 하얀색의 셔츠를 입고 급별로 하의 색상을 달리한다. 유치원생은 파란색, 초등학생은 빨간색, 중학생은 노란색, 인문계 고등학생은 남색, 실업계 고등학생은 갈색의 하의를 입는다. 초등학생은 빨간색과 파란색의 스카프로 학년을 구분하는데 빨간색의 스카프를 목에 두른 모습은 북한 어린이들의 모습과 흡사하다. 같은 사회주의로서 절친한 쿠바와 북한의 관계를 교복에서 가늠할 수 있다.

남색 바지와 치마를 입은 고등학생들이 숙소 앞 골목 여기저기에 앉아 즐거운 수다를 떤다. 부스스한 모습으로 뛰어나가 들이미는 내 카메라를 향해 학생들이 밝게 웃어 준다. 그러고 보니 옆에 작은 고등학교가 있다. 학생들이 없었다면 일반 가정집 같아 보이는 골목 학교다. 짓궂은 남학생들이 남녀 학생 둘을 카메라 앞으로 몰아세우며 말한다.

"아만떼(연인). 아만떼."

수줍은 표정의 커플은 달아나지 않고 전봇대 옆에 서서 나의 셔터를 기다린다. 보도 턱에 여학생 네 명이 앉아 언쟁을 벌이다가 내가 카메라를 들이대니 언제 그랬냐는 듯 미소를 지어 준다. 촬영 후에는 얼굴을 구겨 다시 말싸움을 이어간다. 격한 감정에도 촬영에 응해 준 고마움과 배려 없이 끼어든 미안함에 싸움을 중재하고 싶었지만, 이유를 알아들을 수가 없었기에 나는 슬그머니 돌아선다.

하얗게 칠해진 넓은 창살 안에서 선생님의 큰 목소리가 들리자, 학생들이 교문 안으로 빠르게 들어간다. 텅 빈 골목에는 파란 스카프를 목에 두른 어린 학생 한 명이 서서 귀여운 표정으로 나를 바라본다.

트리니다드의 건물 외벽들은 쿠바의 여느 도시와 마찬가지로 파스텔 색조로 색이 입혀져 있다. 구별되는 것은 건설 당시 그대로의 낮은 지붕에 붉은빛의 기와가 얹어져 있다는 것이다. 이 둘의 조화로 이곳은 동화책 속의 그림 같은 풍경을 자아낸다. 나는 트리니다드를 크게 펼쳐 굽어보기 위해 오르막길을 택해 걸어간다. 늦은 등교를 하는 여학생이 바닥으로 시무룩한 표정을 떨구며 내려온다. 나는 좁은 보도를 내주려 벽으로 비켜선다. 여학생을 뒤따라오던, 큰 가방을 어깨에 멘 미니스커트의 여성이 그런 나를 보고 울퉁불퉁한 돌길을 건너 반대편 보도로 간다. 다행히도 그녀의 하이힐 굽은 내 걱정만큼 높지 않았다.

마을 끄트머리쯤에 작은 놀이터가 있다. 예쁜 벽화가 한 아름 둘러싸고 있는 아담한 놀이터다. 벽화는 뭉게구름이 핀 파란 하늘 아래 넓은 언덕 위로 자란 사과나무 옆으로 얼룩소와 하얀 닭이 앉아 대화를 나누는 듯한 이야기를 담고 있다. 그 안에 난쟁이 미끄럼틀, 그네, 그리고 벤치가 흙모래 위에 놓였다. 키 작은 가로등도 서 있는 걸 보니 놀이터가 주민들의 쉼터 노릇도 하는 듯했다.

놀이터 옆 건물 계단에서 중년 여성이 나를 부른다.

"올라!"

내가 다가가서 인사를 하니 계단으로 올라오라고 한다. 계단 옆 벽에 까사 표식과 함께 레스토랑이라고 쓰여 있다. 그녀를 따라 올라간 건물 옥상에는 숨 막히는 전경이 펼쳐져 있었다. 저 아래 한쪽에 쿠바 동전에도 각인된 혁명 역사박물관의 노란색 종탑이 높이 서서 이곳이 트리니다드임을 인증해 준다. 내가 탄성을 지르며 좋아하자, 여성은 숙소 자랑을 늘어놓으며 자신의 숙소에서 묵기를 권한다.

"아쉽게도 내일 산타클라라로 떠납니다."

"그렇군요. 다음에 오면 꼭 찾아 주세요."

"네, 그렇게 할게요. 대신 점심을 먹을 수 있을까요?"

"아쉽게도 레스토랑은 운영하고 있지 않아요."

나는 명함을 건네받고 계단을 내려와 다시 한번 여주인과 인사를 나눴다.

놀이터를 지나 왼쪽으로 나 있는 완만한 내리막길로 걸어가 본다. 평평해서 편하지만, 많아진 계단으로 성가신 골목길 가장자리 보도에서 내려와 몽글몽글한 자갈길을 밟는다. 불편한 줄만 알았던 돌길이 무뎌진 여행자의 감각을 일깨우는 새로운 자극이 된다.

트리니다드의 호박돌이 깔린 길은 교통의 기능뿐만 아니라 배수로의 역할도 담당한다. 경사진 도로는 빗물이나 일부 생활하수를 흘려보내기 유리하게 설계되어 있다. 도로 중앙으로 완만한 구배를 둠으로써 하수가 집안으로 역류하는 것을 방지하고 도로 면에 하수가 고여 있지 않고 도로 가운데로 모여 아래로 흐르게 한다. 도로 중앙 가장 낮은 곳은 큰 돌들을 깔아 경사가 무너지는 것을 방지하는 한편 물의 흐름에 의한 도로 유실을 막는다. 박혀 있는 돌들의 주목적은 우기에 도로가 진창이 되지 않게 하는 것이다. 이에 더해 돌들 사이로 물을 머금게 해 유량을 조절하고 튀어나온 돌들이 물의 흐름을 방해해 유속을 조절한다. 마을 길을 뒤덮은 엄청난 양의 돌은 인근에 흐르는 과우라보 강이 조달해 주었다. 트리니다드의 돌길은 강의 흐름으로 만들어지는 흔한 자갈을 교통과 하수의 지혜로운 흐름으로 되돌려 놓은 자연 친화적인 위대한 발명품이다. 조상의 지혜는 불편함을 감수한 후손들의 보존 노력이 더해지며 세계적인 문화유산으로 남게 되었다.

나는 아랫마을에 있는 까리요 광장으로 가려다 방향을 잃고 마을 중심가에서 조금 벗어난다. 잠잠해진 골목길에 카우보이모자를 쓴 남성들이 말을 타고 오간다. 목적지는 딱히 없는 모양이다. 이 집 저 집을 훔쳐보는 나와 몇 번을 마주친 한 남성은 참견보다 무시로 나를 존중하며 산책한다. 나는 말을 타고 동화 속을 거니는 그들의 기분이 어

떨지 궁금했다. 비록 여기저기 눈에 뜨이는 시커먼 말똥이 거슬리긴
했지만….

길 한복판에서 여자아이와 남자아이가 몸싸움한다. 여자아이의 덩
치가 남자아이보다 더 크다. 다가가 보니 각자 한 손에 권투 글러브를
나눠 끼고 있다. 글러브를 끼지 않은 손으로 상대방을 제압하면서 낀
손으로는 서로의 빈 곳을 닥치는 대로 가격한다. 나의 카메라를 눈치
채고도 둘의 몸싸움은 멈추지 않는다. 오히려 점점 더 고조된다. 덩치
큰 여자아이에게 글러브를 낀 손이 잡힌 남자아이가 일방적인 공격에
속수무책으로 얻어맞는다. 결국 남자아이가 울음을 터트렸고 여자아
이는 난감해한다. 몸싸움이 끝나고 보이는 두 얼굴이 닮았다. 골목 한
쪽에 열린 대문으로 엄마가 나와 잔소리하고 들어간다. 울음을 그친
남동생이 나와 눈이 마주치자, 눈물을 훔치며 겸연쩍은 듯 웃는다. 옆
에 있던 누나가 그런 남동생의 모습을 보고 손가락질을 하며 크게 웃
는다. 남매의 웃음이 나에게도 옮아 셋은 다 같이 깔깔대며 웃는다.
웃음이 잦아들자, 남매는 내 카메라를 향해 빈손으로 어깨동무하고
글러브 낀 손을 양옆으로 들어 알통을 자랑한다. 그 모습이 정정당당
한 승부를 펼친 후 서로를 위로하고 격려하는 프로 격투기 선수들처
럼 의기양양하다. 나는 뷰파인더에서 눈을 떼며 가만히 되짚는다.

'어쩜 이렇게도 어릴 적 막내 누나와 몸싸움하던 내 모습을 똑 닮았
을까….'

그런데 문득 궁금해진다.

'그때 그 작은 아이는 어떻게 내가 되어 여기까지 온 걸까…'

그리고 괜한 질문을 떠올린다.

'저 사내아이도 자라서 자기와 닮은 아이를 보면 이곳을, 그리고 지금의 나를 기억하려나?'

나는 정겨운 남매와 인사하고 가던 길을 간다. 투덕거리는 소리에 뒤를 돌아보니 남매가 다시 한 손 권투를 시작한다.

골목길 한쪽에 주차된 녹색 올드카의 열린 보닛 안으로 상체를 욱여넣은 남성이 보인다. 반질거리는 도색 면에는 자동차에 대한 남성의 애정이 투영되어 있다. 열린 보닛 안은 엔진을 비롯한 핵심 장치들로만 구성되어 있어 빈 곳이 더 많았다. 남성은 엔진과 기화기의 연결 호스를 헝겊으로 동여매고 있다. 냉각수는 개조한 플라스틱 물통에 담겨 있다. 곳곳이 이중 교배된 장치들로 원래의 짝이었던 것은 찾을 수 없다. 반백 년이 넘었을 나이의 올드카를 정식 부품 없이 수리하고 관리하는 남성의 차에 대한 지식과 손재주, 그리고 의지가 존경심마저 불러일으킨다. 각종 필터류와 배터리를 자가 교체하며 뿌듯해하던 나의 모습이 민망해진다. 남성은 나의 응원에 힘입어 구슬땀을 흘리며 작업에 열중한다. 잠시 후 시동을 걸고 보닛 안을 확인한 남성이 나를 향해 엄지를 세우며 자랑스러운 미소를 짓는다.

골목 어디선가 아이들의 재깔거림이 들려온다. 목소리를 따라 들어선 작은 건물에는 빨간 교복의 초등학생 넷이 치과 진료를 기다리고 있었다. 안쪽 진료 의자에는 한 여학생이 얼굴 위로 다가오는 기괴한 장비를 경계하며 누워 있다. 마스크를 낀 하얀 가운의 여의사가 아이의 빨간 입속으로 장비를 집어넣는다. 날카로운 모터 소리에 이어 치아 갈리는 소리가 들리자, 아이가 오그라든다. 대기하던 여학생 두 명이 귀를 막고 동그란 눈을 질끈 감는다. 내 인상도 찌푸려진다. 그러나 남학생 둘은 태연한 척 서로를 바라보며 웃기만 한다.

쿠바를 여행하다 보면 병원이 아닌 주택가에서의 진료를 가끔 목격하게 된다. 쿠바는 '무상교육, 무상의료'라는 이상을 실현한 유일한 국가다. 누구나 무상으로 대학까지 교육받을 수 있고 요람에서 무덤까지 무상의료 서비스를 받을 수 있다. 게다가 쿠바 의료 기술의 수준은 세계적이다. 이런 질 좋은 의료 서비스를 골목길에서 만날 수 있는 것은 쿠바 무상의료의 근간인 가정주치의 제도에 기인한다. 국민 160명당 한 명의 가정주치의가 배정되는 제도로서 생활 속의 진료를 가능하게 한다. 또한 120가구당 한 명꼴로 가정주치의가 마을 곳곳에 상주한다. 이 가정주치의 제도를 통해 질병을 예방하고 조기 발견할 수 있다. 그리고 병이 커지면 종합병원과 연계해 치료한다. 쿠바는 사회주의 국가로서 사회의 거의 모든 영역이 정부에 의해 운영된다. 길거리에서 음식을 파는 상인조차도 공무원 신분이다. 의사 역시 공무원으로 다른 직업군과 비슷한 수준의 월급을 받는다. 이러한 사회주의 운영은 가정주치의 제도에 필요한 의사의 수를 충분히 공급할 수 있게 된다. 쿠바는 여러모로 힘든 경제 상황에 직면해 있다. 전멸하다시피 한 2차 산업으로 인해 공산품의 공급은 수요에 턱없이 부족하다. 거기에

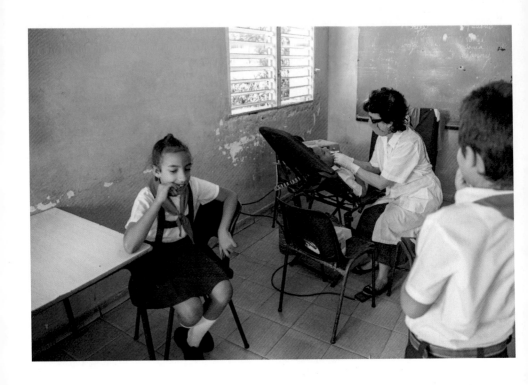

더해 미국의 봉쇄 정책은 쿠바의 경제를 극한으로 몰아세운다. 그런데도 이들이 웃음을 잃지 않고 살아가는 데에는 무엇보다도 무상의료라는, 누구나 한 번쯤은 꿈꿨을 국가 서비스가 큰 힘이 된다. 세계적으로도 우수한 우리나라의 의료보험 제도도 더 발전하여 무상의료라는 궁극에 도달하기를 바란다.

이방인의 방문을 흔쾌히 받아 준 귀여운 아이들과 의료진에게 인사하고 나는 트리니다드 도자기 역사의 시작이라 할 수 있는 '도예가의 집'을 향해 발걸음을 옮긴다.

제6부

튀르키예

T Ü R K I Y E

어이없고 한심한 이스탄불

그랜드 바자르는 실크로드의 아시아 종착역에 있는 대표 시장답게 온 세상의 진귀한 물건들을 팔고 있다. 높게 올린 둥근 지붕 아래에는 5,000여 개의 상점이 들어섰고 나드는 출입구가 20여 개가 넘을 만큼 거대한 규모의 시장이다. 나는 그 중 항구 쪽으로 난 출입구를 찾아 그랜드 바자르를 빠져나왔다. 항구로 향하는 출구를 찾는 것은 그리 어렵지 않다. 바다로 기운 언덕에 자리 잡은 시장이기에 물 흐르듯 내리막길을 따라가면 될 일이다. 그랜드 바자르를 나와도 항구로 가기 위해서는 조금 더 가야 한다. 내려가는 길 양쪽으로는 그랜드 바자르에 미처 입점하지 못한 가게들이 온갖 물건들로 진을 치고 손님을 기다리고 있다.

한가한 상인은 오가는 이들을 무심한 듯 지켜보다가 이곳저곳을 둘러보는 느린 발걸음을 매의 눈으로 낚아채 여지없이 미끼처럼 인사말을 던진다. 그의 인사는 국적 구분 없이 서양인에게는 영어로, 동양인에게는 일본어로 일단 시작한다. 관광객이 덥석 인사를 받으면 상인은 큰 몸짓과 과장된 표정으로 호객의 대화를 이끌어간다. 그럴 때 관광객들은 크게 두 부류로 나뉘어 행동한다. 하나는 덩달아 크게 맞반응하며 몇 마디를 주고받다가 상점 안으로 유도하는 상인의 손짓을 뿌리치고 지나가는 이들이고, 또 하나는 엷은 미소를 흘리며 상인과의 눈 맞춤도 없이 다른 가게로 시선을 돌리며 차분히 걸어가는 이들이다. 간혹 판매까지 이어지는 경우가 있지만 대부분 실패한다. 그렇다고 상인은 낙담하지 않는다. 즐거운 농이 섞인 대화를 주도한 것에 만족한 듯 웃음 띤 얼굴로 다음 상대를 찾을 뿐이다. 관광객이 아닌 현지인에게는 굳이 말을 먼저 건네지 않는다.

뜨거운 해를 피한 점포들의 처마 밑 오후는 나른하다. 앞선 점포에서 넘겨받으며 맞닿은 다음 점포의 처마 사이 틈으로 도사린 빛줄기가 영락없이 들이친다. 나는 바닥에 그어진 광선을 사방치기하듯 밟지 않고 넘는다. 시장의 혼잡함에 묻힌 적막 속에서 청아하고 명랑한 망치질 소리가 들린다. 금색과 은색으로 도금한 동판 접시에 다양한 그림들을 정자국으로 그려내어 파는 상점이다. 가게 앞 낮은 나무 의자에 걸터앉은 백발의 노인이 방금 시작한 작업에 몰두한다. 자신의 얼굴만 한 은접시에 새끼손가락만 한 정을 세워 작은 망치로 잘게 두드린다. 망치에 두들겨 맞은 정이 접시 위를 지날 때마다 기하학적인 문양이 꽃처럼 피어난다. 들이댄 내 카메라를 눈치챈 노인은 망치질에 더욱 힘을 보탬으로써 나의 촬영을 모른 척 허락한다.

"아름답죠?"

옆에서 차이(터키식 홍차)를 마시던 말끔한 슈트 차림의 남성이 오히려 둘 사이에 참견했다.

"네, 대단한 솜씨네요."

나의 대답에 남성은 신이 난 듯 노인의 30여 년 경력을 소개하며 그를 훌륭한 공예가로 예찬한다. 이어 내게 사진을 더 찍으라며 떠받치는 손짓으로 부추긴다. 나는 남성의 재촉에 부응하지 못하고 카메라를 내린다. 그러자 옆에서 같이 차이를 마시던 흰 셔츠의 남성이 손에 든 찻잔을 내밀며 내게 묻는다.

"차이?"

잠시 머뭇거리다 나는 대답한다.

"괜찮아요."

소극적인 나의 답에 남성은 건너편 식료품 가게와 귀금속 가게 사이 벽으로 성큼성큼 걸어간다. 그곳에는 누렇게 변색된 허연 초인종이 하나 달려 있었다. 버튼을 누른 그가 초인종에 입을 대고 튀르키예어로 뭐라고 말을 한다. 차이를 주문하는 것이다. 초인종은 주변 찻집의 인터폰과 연결되어 있다. 이곳뿐만 아니라 이 나라의 모든 시장이나 상점가 구석구석에 설치된 초인종으로 상인들은 차이를 주문하여 마신다. 이러한 주문 방식은 한 사람당 하루 평균 스무 잔을 마실 정도로 각별한 튀르키예 사람들의 차이에 대한 애정으로 만들어진 이들만의 흥미로운 배달 문화이다.

3분이 지났을까? 호리호리한 청년이 차이 두 잔과 하얀 각설탕 접시가 놓인 쟁반을 들고 나타났다. 흰 셔츠의 남성이 한 잔은 내게, 다른 한 잔은 공예가 노인에게 준다. 내가 차이 값을 내려 하자 남성이 내게 미간을 찌푸리며 고개를 좌우로 흔든다. 그리고는 바지 주머니에서 붉은 플라스틱 칩 두 개를 꺼내 청년에게 준다. 플라스틱 칩은 남성이 찻집에서 선구매했던 일종의 코인이다.

차이를 마시던 노인이 내게 망치 두들기는 시늉을 하며 그의 작업을 한번 체험해 보라고 권유한다. 나는 세운 어깨에 카메라를 걸고 노인이 가리키는 접시 위에 정을 대고 망치로 두들긴다. 힘 조절의 실패로 정자국이 만들어 내는 선이 일정하지 않다. 그렇지만 노인은 내게 엄지를 들어 보인다. 옆에 섰던 두 남성도 형제의 나라를 운운하며 어설픈 나의 망치질을 응원한다. 한 뼘의 들쭉날쭉한 선을 접시에 새긴 나는 정과 망치를 노인에게 주며 민망한 손사래를 친다. 장비를 건네받은 노인은 빙그레 웃으며 망치질을 시작한다. 장인의 부드러운 손놀림에 내가 파놓은 흉한 흔적은 온데간데없이 사라지고 미려한 문양이 그 위로 감쪽같이 덧씌워진다.

"우와! 마술 같아요."

나는 손뼉을 치며 말했다.

"볼 때마다 멋져요."

흰 셔츠의 남성이 팔짱을 끼며 말한다. 따뜻하고 달콤한 차를 겸한 공예 체험을 마치고 나는 다시 푸른 바다를 향해 걸어간다.

한산한 시장 골목을 지나 만난 에미뇌뉘광장은 번잡하다. 광장 입구 노천카페에 많은 사람이 앉아 차 한잔의 오후를 즐기고 있다. 바닥에 흩어져 모이를 주워 먹던 비둘기들이 철없는 중년 남성에게 쫓겨 파란 하늘로 무리 지어 날아오른다. 퍼덕이는 날갯짓 너머로 뾰족한 두 개의 탑을 뽑아 올린 예니 모스크가 회백색으로 빛난다. 비둘기 떼는 크게 광장을 왼쪽으로 휘돌아 모스크 건너편에 있는 갈라타교 쪽으로 날아간다. 다리 위를 빨간 트램과 하얀 트램이 교차하며 건넌다. 나도 갈라타교로 가기 위해 비둘기 떼를 따라 광장을 가로지른다. 광장 끝에 다다르자 트램과 자동차들이 오가는 큰 도로가 항구로 나가는 길을 가로막는다. 레일과 차도를 통과하는 건널목은 신호를 기다리는 사람들로 길게 담장이 쳐졌다. 나는 조금은 돌아갈 수 있는, 그렇지만 시원한 지하도를 이용하기 위해 광장 쪽으로 다시 뒷걸음친다. 보이지 않는 지하도 속에는 또 어떤 것이 숨겨져 있을지 궁금하기도 했다.

이스탄불 여행에서 빼놓을 수 없는 방문지 갈라타교. 오스만 제국 때 만들어진 이스탄불 최초의 다리로서 금각만으로 나뉜 구시가지와 신시가지를 연결한다. 이곳은 지중해로 트인 에게해와 육지에 갇힌 흑해 사이를 오가는 물고기들의 길목이기도 하다. 그래서 다리 위에는 도시의 낚시꾼들로 사시사철 장사진을 이룬다. 겨울에는 함시라고 불리는 멸치 과의 생선이, 여름에는 씨알 잘은 고등어 과의 이스타브릿이 주로 잡힌다. 함시와 이스타브릿 구이는 터키의 식당에서 빼놓을

수 없는 요리 중 하나다.

나는 별것 없는 지하도를 지나 갈라타교에 올랐다. 역시 다리 위에는 많은 사람이 낚시를 즐기고 있었다. 대숲처럼 솟은 낚싯대마다 반짝이는 나일론 줄이 다리 밑으로 팽팽히 당겨진다. 낚시꾼들의 양동이마다 크고 작은 물고기들이 담겼다. 질긴 놈들은 고무링 같은 입술을 뻐끔대며 남은 숨을 헐떡인다. 갑자기 낚시꾼들이 부리나케 낚싯줄을 들어 올린다. 다리 아래로 유람선이 지나간다. 잠시 후 배가 지나가며 만들어 놓은 삼각형의 물결 위로 낚싯줄이 일제히 드리워진다. 구경꾼들이 몰려 있는 낚시꾼의 양동이가 팔뚝만 한 숭어 한 마리로 가득 차 있다. 그 옆에서 넥타이를 맨 중년 남성이 흡족한 표정으로 낚싯대를 정리하고 있다. 남성이 나의 카메라를 보고 싱글벙글 웃으며 자세를 잡아 준다.

"끝났어요?"

나의 질문에 그가 대답한다.

"출근해야 합니다. 늦었어요. 하하."

갈라타교 위에 낚시꾼의 숫자로 터키의 실업률을 헤아릴 수 있다는 얘기가 있다. 하지만 나는 남성을 보며 그것은 한낱 속설에 불과할 수도 있다는 쓸데없는 생각을 해 본다. 대물을 품에 안고 떠난 낚시꾼의 빈자리를 다부진 풍채의 남자가 꿰찬다. 그 옆으로 시미트(깨를 뿌린 도넛 모양의 빵) 장수가 지나간다. 머리에는 빵을 잔뜩 쌓아 올린 소쿠리를 이고 있다. 나는 출출하던 차에 시미트 하나를 사서 한 입 베어 문다. 장수 뒤쪽에 덜커덩거리며 지나가는 트램 창 안으로 사람들이 훤히 들여다보인다. 한가한 시선 몇몇이 나를 내려다본다. 나는 시미트를 든 손을 흔들려다가 돌아오지 않을 답을 의심하며 그만둔다. 빵은 고소하고 담백했지만 마른 내 입에는 퍽퍽했다. 차이 한잔을 곁들이기 위해 다리 아래로 내려간다. 2층 구조로 된 다리의 아래층은 식당가이다. 식당들은 차이뿐만 아니라 신선한 고등어를 바로 구워 빵에 양상추와 양파 등의 채소와 같이 끼워 먹는 고등어 케밥, 양고기나 닭고기를 채소와 함께 꼬치에 끼워 숯불에 구운 쉬쉬 케밥 등을 팔고 있다. 나는 고기와 생선을 굽는 냄새에 홀려 점심을 간단하게 해결하려 했던 마음을 바꿔 먹는다. 다리 상판을 지붕 삼은 낮은 층높이의 식당들이 다닥다닥 붙어서 영업에 한창이다. 나는 그중 시원한 탄산음료들이 입구에 진열되어 있는 식당으로 끌리듯 들어선다.

'유람선 투어 12리라(TRY, 튀르키예의 화폐단위).'

한 유람선 선착장 입구에 손 글씨로 투박하게 쓴 선간판이 보인다. 갈라타교 옆 포구를 따라 금각만과 보스포루스 해협을 오가는 선사들의 선착장이 들어서 있다. 시민들의 이동 수단인 여객선사들과 관광객을 위한 유람선사들이다. 나는 이스탄불 여행을 계획하면서 첫 번째로 보고 싶었던 것이 천년의 고도가 검푸른 만에 그려내는 야경이었다. 노을 진 바다에 드리운 비잔틴과 오스만 제국의 건축물들로 불밝힌 화려한 도시는 상상만으로도 흥분되었다. 그런데 그 황홀한 투어가 한화로 3,000원도 안 되는 저렴한 가격이다. 다른 유람선사의 선착장에 걸린 가격은 50리라였다.

"유람선 투어 가격이 12리라가 맞나요?"

나는 티켓 판매 부스 옆에 서서 매표를 안내하는 직원에게 물었다.

"네, 맞습니다."

직원이 답했다.

"유람 시간은 얼마나 걸리나요?"

나는 반가운 마음에 물었다.

"19분 걸립니다."

직원의 대답은 간결하고 명료했다. 그리고 매시 정각에 출발한다고 덧붙인다. 유람 시간도 내가 원하는 길이이다. 여행 책자에 소개된 선사의 유람 시간은 1시간이 넘어서 부담스러웠다. 저렴한 가격에 적절한 시간, 내게 안성맞춤인 투어다. 나는 약 20분 동안 유람선을 타고 돌아볼 바다를 둘러본다. 왼쪽에 보이는 갈라타교와 저 멀리 오른쪽에 보이는 등대섬 사이가 되지 않을까 예상해 본다. 어쩌면 두 지점 사이로 뚫린 보스포루스 해협의 입구까지 다녀올 수도 있는 시간이다. 이 정도면 이스탄불의 야경을 즐기기에 충분하다. 나는 야경 투어를 마친 후에는 숙소 옆 식당가에 있는 케밥 전문점에서 저녁을 먹으면 되겠다고 생각하며 입맛을 다신다. 그리고 일몰에 맞춰 승선 시간이 저녁 7시인 티켓을 구매한다.

나는 숙소로 돌아가기 위해 선착장 옆 에미뇌뉘역으로 이동했다. 개

찰구를 통과하자 갈라타교를 건너오는 연두색 트램이 보인다. 앞뒤로 둥글 뭉툭하게 잘린 모습이 마치 꿈틀대며 기어 오는 배추흰나비 애벌 레 같다. 햇살에 씻겨 속을 드러낸 창은 애벌레의 여린 피부 속을 보 는 듯 투명하다. 이스탄불의 트램은 개체마다 모양과 색이 제각각이 다. 구시가지와 신시가지를 바삐 오가며 여행자와 시민의 발이 되어주 는 트램. 단순한 교통수단 중 하나일지 몰라도 나에게는 이 도시의 재 미난 구경거리 중 하나다.

연두색 트램이 오스만 제국 때 처음 놓인 마차철도 위를 구불구불 달린다. 수백 년이 지난 지금, 말을 대신해서 전기가 끌 뿐 같은 자리 를 여행자가 탄 마차가 달려간다. 왼편으로 모진 역사를 견뎌낸 아야 소피아가 지나간다. 잠시 후 푸른 조개껍데기를 엎어 놓은 듯한 지붕 의 커다란 모스크가 나타날 때쯤 트램은 나를 술탄 아흐메드역에 내 려 주었다.

아침 비행기로 이스탄불에 도착하는 바람에 나는 체크인을 바로 하 지 못했다. 큰 배낭은 호텔 프런트에 맡겨 놓고 카메라 배낭만 메고 나 와 그랜드 바자르와 갈라타교를 둘러본 것이다.

"좋은 오후입니다. 허 선생님!"

에르뎀이 호텔 문을 열고 들어서는 나를 높여 부르며 프런트에서 반 겼다. 그리고 엘리베이터 앞에 서 있던 젊은 직원을 불러 튀르키예어 로 뭐라 말한다. 오전에 맡긴 내 배낭을 가져오도록 지시하는 듯했다.

"어디 다녀왔어요?"

에르뎀이 물었다.

"그랜드 바자르와 갈라타교에 갔다 왔어요."

나의 대답에 풍채 좋은 중년 남성 에르뎀이 그랜드 바자르에 대한 설명을 풀어놓는다. 오전에 도착해서 짐을 맡길 때도 그는 호텔 자랑을 길게 늘어놓았다. 오래된 역사를 가진 호텔이고 술탄 아흐메드 사원과 아야소피아 인근에 있어 관광에 최적화된 위치의 호텔이며 전망 좋은 루프톱 레스토랑에서 제공하는 조식이 훌륭하다는 둥…. 그의 말을 자르지 않고 계속 들어주다가는 끝날 기미가 보이지 않았다. 에르뎀은 이른바 수다쟁이다. 에르뎀의 브리핑이 그랜드 바자르에서 갈라타교로 넘어갈 즈음, 때마침 젊은 직원이 내 배낭을 가져온다.

"제가 묵을 방이 몇 호죠?"

나는 콧수염을 실룩이며 설명을 이어가던 에르뎀에게 물었다.

"아! 308호입니다."

에르뎀이 젊은 직원에게 키를 건네며 말했다. 나는 앞장서는 직원을 따라간다.

"허, 필요한 게 있으면 주저하지 말고 요청하세요."

뒤에서 못내 아쉬워하며 나를 붙잡는 듯한 에르뎀의 목소리가 들렸다.

호텔의 로비는 아담하고 고풍스러웠다. 진갈색의 원목 가구와 그에 어울리는 채도 깊은 노란색 벽은 고단한 여행자에게 편안함과 안정감을 주었다. 바닥은 상앗빛과 검은색, 그리고 붉은색의 대리석을 적절히 섞어 고급스럽게 마감됐다. 엘리베이터 안도 로비와 같은 패턴으로 온화하게 장식되었다. 엘리베이터를 타고 도착한 3층 복도는 밝은 회색 양탄자가 깔렸다. 모퉁이를 하나 돌아 직원이 열어 준 베이지색 객실 문 안으로 들어선다. 작은 객실은 침대, 테이블, 좁은 옷장 그리고 키 작은 냉장고로 꽉 차 있다. 그렇지만 하얀 보와 이불이 팽팽하게 덮인 침대로 인해 객실은 깔끔하고 아늑해 보였다.

나는 침대와 옷장 사이 가느다란 바닥에 배낭을 내려놓고 짐을 푼다. 그러다가 갑자기 밀려오는 노곤함에 침대 위에 벌렁 누웠다. 조지아에서 새벽 비행기를 타고 흑해를 날아 이른 아침 이스탄불에 도착한 후 별다른 휴식 없이 지금까지 돌아다녔더니 몸이 천근만근이다. 침대 아래로 떨어진 왼팔을 무겁게 들어 손목시계를 본다. 유람선을 타러 나가야 할 시간이 얼마 남지 않았다. 다시 아래로 늘어뜨린 팔과 함께 온몸이 푸근한 침대 속으로 가라앉는다. 아름다울 이스탄불의 야경을 생각하며 처진 몸을 쓸어올리는 순간 등허리 아래에 이질감이 느껴진다. 손을 넣어 더듬으니 얇은 홑이불 아래로 무언가 잡힌다. 불결함에 번뜩 일어나 들춰 보니 명함 크기로 낱개 포장된 비스킷 봉지 하나가 있다. 이불을 마저 젖히니 하얀 침대보 위에 과자 부스러기와 기다란 머리카락이 서너 군데서 보인다. 나는 테이블에 놓인 인터폰으로 프런트에 전화를 건다.

"여보세요."

에르뎀이 받았다.

"308호입니다. 청소가 제대로 안 됐네요. 침대에 머리카락과 이물질들이 있어요."

"아! 그렇군요."

"청소가 된 다른 방으로 바꿨으면 합니다."

"현재 빈방이 없어요. 지금 청소부를 보낼까요?"

청소부를 보내 줄까 묻는 에르뎀에게 지금은 됐다고 나는 말했다. 전반적인 객실 청소는 돼 있었다. 욕실도 깨끗했다. 단지 불성실한 청소부는 앞선 투숙객이 사용한 침대보를 갈지 않고 정리만 했던 것 같다. 청소부가 지금 온다고 해서 청소를 처음부터 다시 할 리는 만무하다. 고작 침대보를 바꿔 줄 뿐일 것이다.

"저녁에 제가 외출을 할 예정입니다. 그때 침대보를 갈아 주세요."

"네, 알겠습니다."

그런데 에르뎀의 응대는 상한 내 기분에 어울리지 않게 사무적이었다. 더구나 수다스럽던 본인과도 맞지 않았다. 별거 아닌 일로 왜 이리 호들갑이냐는 식의 시큰둥한 말투로도 느껴졌다. 아마도 우리네와 다른 서양의 서비스 문화일 수도 있다. 그렇다고 해도 에르뎀의 반응은 한 번 더 내 마음을 언짢게 했다. 사과는 내용보다 태도가 중요하기에…. 나는 아름다울 이스탄불의 야경을 다시 상상하며 처진 기분을 끌어올린다. 따뜻한 물로 샤워를 한 후 반소매와 반바지, 그리고 슬리퍼 차림으로 지갑만 달랑 챙겨 가볍게 호텔을 나선다.

물살을 힘차게 가르며 달려가는 뱃머리에 유람객들이 몰렸다. 사람들은 시원한 바닷바람에 세차게 비벼지는 머리카락을 거푸 쓸어 넘긴다. 몇몇은 눌러 쓴 모자가 날아가지 못하도록 그 위에 손을 넓게 펴서 짓누른다. 유람선은 갈라타교 옆 선착장을 떠나 넓은 만을 향해 나아가고 있다. 상상한 대로 붉게 물든 바다에 담긴 이스탄불은 숨이 멎을 만큼 아름답다. 술탄 아흐메드 사원과 아야소피아가 나란히 선 구시가지 언덕 위로 오늘을 한 뼘 남긴 해가 기운다. 오른쪽으로 너울대며 흐르는 도시의 능선을 그 아래에 각진 건물들이 서로 기대어 키를 재며 따라간다. 건물들 사이로 불쑥불쑥 솟은 모스크의 첨탑은 눈금자가 되어 중간중간에 배치된다. 풍경은 느슨해질 틈도 없이 능선을 따라 북으로 북으로 이어진다. 등대섬을 향하는 듯하던 배는 선수를 좌현으로 돌려 보스포루스 해협으로 들어선다.

보스포루스는 이스탄불을 아시아 대륙과 유럽 대륙으로 갈라놓는 해협이다. 그러나 길이 약 30㎞의 이 해협을 통해 지중해와 흑해가 연결되고 동양과 서양이 만난다. 이스탄불은 보스포루스 덕에 육로와 수로 교통의 요충지이자 문명의 교차로라는 중대한 사명을 띠고 고대에 탄생했다. 그 기질적 특징에 맞춰 수많은 문화와 종교가 찰흔을 남기며 이 도시를 지나갔고 때로는 어우러져 부대끼며 이 도시에 정착했다. 지금도 이스탄불의 역사적 역할은 여전히 유효하다. 어떤 이에게 이곳은 새로운 만남을 향한 이별의 종착점이 되고, 다른 이에게는 또 다른 이별로 가는 만남의 출발점이 된다. 이는 만남과 이별이 공존하고 상충하는 교차로의 정의이자 숙명이다. 그리고 호기심을 잔뜩 품은 여행자들이 이스탄불로 몰려드는 이유이기도 하다.

이 해협을 거슬러 오르면 만나게 되는 흑해. 그 동쪽 끝에는 이곳에 오기 전 여행했던 조지아의 우레키 해변이 검게 반짝이고 있을 것이다. 먹빛의 까만 모래에 온몸을 묻고 즐거워하던 나자르 가족이 떠오른다. 아시아인 여행자를 처음 봤다고 신기해하며 가족 모두가 나를 반겨 주었다. 준비해 온 간식을 텐트에서 꺼내어 나눠 주던 나자르의 굵직한 미소가 생생하게 떠오른다. 따뜻했던 우레키의 기억은 칼칼한 뱃고동 소리에 부딪히며 홀연히 흩어진다.

바람이 차다. 시계를 본다. 돌아갈 시간을 넘겼다. 그렇지만 배는 해협 안으로 속도를 높여 달린다. 나는 시린 팔뚝을 문질러 대며 선실 안으로 들어간다. 비었던 선실이 관람을 끝낸 사람들로 채워지기 시작한다. 야경 감상의 황금 시간대는 한밤중이 아니다. 일몰 후 햇빛이 아직 물들어 있는, 그리 길지 않은 시간 동안에 야경은 가장 아름답다. 그 이후에는 어둠이 짙어 풍경은 사라지고 불빛만이 남기 때문이다. 나는 다시 시계를 본다. 선사 직원이 얘기한 유람 시간 19분을 훌쩍 넘겨 30분이 다 돼 가는데도 유람선은 컴컴해진 보스포루스 해협을 정속 항해 중이다. 그런데 다른 승객들의 모습이 태연하다. 뭔가 잘못된 것 같다.

'아! 직원이 19분이 아니라 90분이라고 했구나.'

나는 짧은 탄식을 내뱉으며 그제야 깨닫는다. 직원은 '나인틴'이 아

닌 '나인티'를 말했던 것이었다. 다른 유람선의 4분의 1도 안 되는 싼 가격과 길지 않은 유람 시간을 바라는 마음이 더해져 내가 잘못 알아들었던 것이었다. 20분이라고 해도 될 것을 분 단위까지 쪼개어 19분이라 말하는 직원의 세세함에 나는 의심보다는 오히려 신뢰를 보내기까지 했다. 참 어이없고 한심한 노릇이다. 피프티를 똑 떨어지는 피프틴으로 오해한 것도 아니고 나인티를 하나가 빠져 어딘가 불안전한 나인틴으로 잘못 알아듣다니….

　나의 짧은 옷차림은 여름 밤바다를 달리는 배의 선실 안에서도 충분히 추위를 느끼게 했다. 갑자기 허기를 느낀다. 기대했던 케밥 전문점에서의 저녁 식사는 한두 시간 후에나 가능하다. 해안을 따라 불을 밝히고 영업 중인 식당들이 눈에 들어온다. 야속한 유람선은 계속해서 해협 안으로 달려간다. 커다란 다리가 보인다. 결국 아시아 대륙과 유럽 대륙을 잇는 보스포루스 대교까지 왔다. 대교 아래 돌마바흐체 궁전은 영문도 모른 채 화려하게 빛나고 있다.

경로를 이탈한 카파도키아

나는 지금 카파도키아 평원을 달리고 있다.

대지를 가르는 길 양쪽으로 흩어졌던 구름이 지평선을 넘지 못하고 몰려 있다. 웃자라지 못한 나무들이 차창 밖으로 듬성듬성 나타나 빠르게 스친다. 저 멀리 배경이 된 야트막한 구릉은 초록을 머금으며 여유롭게 흘러간다. 둘 사이를 널찍이 메꾼 밀밭 위로 물결치듯 나부끼는 바람이 보인다. 송풍구에 거치된 스마트폰의 내비게이션은 반 시간 남짓한 도착 시간을 알려 준다. 목적지까지 남은 시간이 아깝다. 마음 바쁜 단기 여행자는 눈 앞에 펼쳐진 풍광에 사로잡혀 조급함을 잊는다. 네브셰히르 공항만큼 괴레메로 가는 길은 한적하다. 공항을 나와 달려오면서 마주친 차량이라곤 트럭 한 대가 전부였다. 나는 가속페달에서 발을 내려놓는다. 앞서갈 차는 없다. 뒤따르는 차도 없다. 오로지 나만 이 길을 달려 구름을 여행하고 바람을 실어 시간에 머문다.

아담한 공항과 작은 마을 괴레메를 연결하는 공영버스가 있기는 하지만, 배차간격이 길어 시간 맞추기가 어렵다. 택시 운임은 자동차 렌트비만큼이나 비싸다. 카파도키아 내 흩어져 있는 관광지를 연결하는 공영버스 또한 변변치 않다. 이곳이 튀르키예를 대표하는 관광지란 것을 감안하면 선뜻 이해되지 않는 교통 인프라다. 열악한 이곳의 교통 상황과 1박 2일의 촉박한 일정 때문이기도 했지만, 무엇보다도 내일 새벽에 이곳의 명물인 열기구들을 쫓아다니며 촬영하고 싶었기에 나는 차를 렌트하기로 계획했다. 열기구를 타고 내려다보는 경관보다 아래에서 바라보는 열기구들을 품은 하늘이 더 멋있을 것 같았다. 다행히도 작은 네브셰히르 공항에 렌터카 업체가 입주해 있어 어렵지 않게 소형차 한 대를 빌릴 수 있었다. 출고한 지 1년도 안 된 자동차는 세차도 잘 되어 있었다.

차창 밖 경치를 잠시 미루고 룸미러에 비친 자동차를 살핀다. 말끔한 뒷좌석에 널브러진 내 배낭이 낯설다. 나는 생각한다.

'배낭은 허름한 버스에서 뒹굴고 있어야 제맛인데…'

다시 시선을 창밖으로 돌려 어쭙잖은 낭만을 떨어내고 성대한 평원의 파노라마를 만끽한다.

아나톨리아 반도 중서부에 있는 카파도키아는 실크로드 종착지인 콘스탄티노플로 가는 길목으로서 예로부터 지리적으로 중요한 위치에 있었다. 그러다 보니 핵심 교통로를 빼앗기 위한 열강들의 각축전이 벌어지는 전쟁터이기도 했다. 그 흔적으로 높은 지대다 싶으면 어김없이 바위를 뚫어 만들었던 요새들이 남았다. 또한 이곳은 초기 그리스도교 역사에 아픈 현장이기도 하다. 로마 시대부터 박해를 받던 그리스도교인들이 숨어들어와 굴을 파고 가녀린 생명을 유지했던 곳이다. 그런데 그들이 이곳에 수많은 요새와 집, 그리고 수천여 개의 교회와 수도원을 바위와 땅속에 지을 수 있었던 것은 카파도키아의 지질적 특징 때문이다. 카파도키아는 약 삼백만 년 전 동쪽 카이세리주에 있는 에르지에스산과 악사라이주에 있는 하산산의 연이은 화산 폭발로 뿜어낸 화산재가 뒤덮여 만들어진 응회암층이다. 화산재가 쌓여 만들어진 퇴적암의 일종인 응회암은 마그마가 굳어져 만들어진 화성암보다 경도가 훨씬 약해 손톱으로도 긁힌다. 또한 응회암은 물에 뜰 정도로 가볍다. 무르고 가벼운 응회암으로 형성된 지층은 다른 암석에 비해 깎거나 운반하기가 수월하다. 이곳의 이러한 지질구조로 인해 사람들은 어렵지 않게 요새와 교회, 그리고 거처를 암석 속에 만들 수 있었다.

숙소가 있는 괴레메에 가까워지면서 도로 위 자동차들이 하나둘 늘어난다. 건물들 또한 차츰 많아진다. 네모난 창이 세 개 난 작은 바위산이 도로 왼쪽으로 멀리 보인다. 나는 경로를 벗어나 바위산 쪽으로 핸들을 돌린다. 내려선 비포장길은 바싹 말라 있어 밀가루처럼 고운 흙이 덮여 있다. 아스팔트 위를 달려가는 자동차들의 소음이 멀어진다. 나는 뿌연 흙먼지를 풍기며 바위산 앞에 차를 세웠다. 그리고 차에서 내려 바위산을 바라본다. 창은 국도에서 본 것보다 두 개 더 뚫려 있었다. 잦아들었던 흙먼지가 불어오는 한 줄기 바람에 다시 흩날

린다. 먼지를 피해 바위산 뒤쪽으로 돌아가니 작은 골짜기가 나타난다. 건너편에 버섯과 죽순같이 생긴 묘한 모양의 바위들이 서 있다. 세모 지붕을 얹은 기다란 굴뚝 같은 바위들도 있다. 그 곁에 선 암벽에 두 개의 창이 나 있다. 거칠게 뚫린 구멍은 검고 깊다. 거인의 커다란 눈 같기도 하다. 오래전 누군가는 저 눈으로 밖을 내다봤을 것이다. 집으로 돌아올 가족을 까치발로 그리며…. 어쩌면 적의 침입에 곤두선 두려움으로….

화산이 빚은 지층에 유구한 세월 동안 빗물과 바람, 그리고 유수에 의한 풍화와 침식작용을 빌어 독특한 모양의 암석군을 조각한 카파도키아. 우주를 떠돌다 또 다른 행성에 불시착해서나 볼 수 있을 것 같은 신비로운 자연의 모습이다. 그것만으로도 충분했지만 땅 위아래 숨어 있는 인간의 삶이 덧칠되고 보태지면서 그 어디서도 볼 수 없는 카파도키아의 경이로운 절경은 비로소 완성된다. 아름답지만 심심할 수 있는 경관에 인물 배치의 긴장으로 생동감을 불어넣는 재미있는 사진처럼.

시간의 정원에서 차를 돌려 나와 포장도로로 다시 올라탄다. 부쩍 늘어난 차들 사이에서 운전이 조심스럽다. 렌터카가 아직은 익숙하지 않아 사고에 대한 걱정 때문이다. 마을 입구에 작은 원형 교차로가 나타난다. 나는 바쁜 시선으로 내비게이션의 화면을 교차로 위에 겹쳐 보며 가야 할 길을 찾는다. 그리고 좌우를 살피며 천천히 진입을 시도하는 순간, 오른쪽 도로 멀찍이서 달려오던 검은 자동차가 감속 없이 내 앞으로 치고 들어와 교차로를 반 바퀴 돌아 날쌔게 통과한다. 깜짝 놀란 나는 급브레이크를 밟는다. 검은 자동차가 과감한 건지 내가 소심한 건지 헷갈린다. 그런데 건너편에 나와 같이 교차로에 진입을 주저하는 흰색 자동차가 있다. 운전대를 잡은 백인 남자와 조수석에 탄 백인 여자 모두 고개를 쭉 빼고 좌우를 살핀다. 그 순간, 머뭇거리는 내 차와 흰색 자동차 사이로 회색 자동차 한 대가 휙 지나간다. 렌터카를 모는 수줍은 두 여행자의 깜짝 놀란 눈이 마주친다. 나와 흰색 자동차의 운전자는 겸연쩍은 웃음으로 서로에게 진입을 양보하며 또다시 주춤댄다. 결국 내가 먼저 교차로에 진입한 후 흰색 자동차에 손을 흔들어 그들의 여행을 응원했다.

마을 입구를 지나 내비게이션의 안내대로 바위산 골짜기로 들어선다. 작은 개울을 따라 난 좁은 길을 오른다. 물가에 줄지어 심은 나무의 여린 가지들이 흐르는 물결에 맞춰 춤을 추듯 남실거린다. 오른쪽으로 이어진 골목길 끝에 목적지가 보인다.

내비게이션이 마을 아래 큰길이 아닌 위쪽 경사길로 계속 올라가기를 강요한다. 숙소에서 짐을 풀고 나와 우치사르로 가기 전에 피죤 밸리에 들르려고 한다. 나는 마을을 내려가 괴레메와 우치사르 간의 국도를 타고 가는 경로를 예상했다. 그런데 내비게이션은 괴레메 마을 뒤로 올라가는 경로를 안내한다. 잘못된 안내일까 싶어 지도를 축소해서 목적지를 확인한다. 피죤 밸리가 경로 끝에 있다. 나는 내비게이

선을 믿고 가파른 골목길을 운전해 올라간다. 교행이 어려운 좁은 골목에 다행히도 내려오는 차는 없었다. 마구간 딸린 집 모퉁이를 돌자 왼편으로 괴레메 마을이 온통 내려다보인다. 도로 폭과 기울기도 여유가 생겨 흘깃흘깃 마을을 굽어보며 천천히 차를 몬다.

길이 내리막으로 변한다. 개울이 흐르는 골짜기에 담긴 마을은 이색적인 고즈넉함이 있다. 아이스크림이 녹아내린 것 같은 하얀 암벽을 파고든 벽돌집들이 보인다. 둘의 경계선 굴곡을 뒤집어 다시 보면 벽돌집 위로 암벽이 흘러내린 것 같기도 하다. 둘은 처음부터 한 몸이었던 것으로 여겨질 만큼 잘 섞였다. 지그재그로 경사면에 빗금을 그은 길이 집과 집을 연결한다. 그 어귀마다 꽃봉오리 모양의 커다란 바위가 우뚝우뚝 서 있다. 마치 불교 나라의 산길에서 볼 수 있는 스투파 같다. 옆으로 하얀 벽돌을 쌓아 이어 붙여 집이 만들어진 바위도 있다.

왼쪽 비탈 아랫집의 낮은 옥상에서 빨래를 널던 여성이 손을 멈추고 나를 바라본다. 그녀와 눈높이가 같아질 때쯤, 나는 차창 밖으로 손을 내밀어 인사한다.

"메르하바!"

"메르하바!"

무심하게 인사를 받은 여성이 빨래를 세차게 털며 하던 일을 이어간다. 내리막길은 세 갈래로 나뉘어 다시 올라간다. 나는 내비게이션의 안내를 따라 가장 가파른 가운데 길을 선택한다.

집들이 사라진 양옆으로 기괴한 모양의 큰 바위들이 불쑥불쑥 나타난다. 가운데가 잘록한 아령, 불타오르는 횃불, 트럼프 카드의 스페이드 등 그 모양도 다양하다. 거뭇한 현무암질의 암석층이 마치 거칠게 터진 바게트 껍질처럼 응회암층을 덮은 바위도 있다. 바위 옆면에는 하나같이 위아래 지층을 구분하는 선이 가로로 깊게 파여 있다. 가로선을 바위 밖으로 꺼내어 연장하면 또 다른 바위의 그것과 겹친다. 그리고 건너편 골짜기의 층리와도 일치한다. 삼백만 년 전에 형성된 지층면이 이리저리 쓸리고 동강 나며 마을 곳곳에 선분으로 남은 것이다. 그렇다면 그들 사이를 메웠던 공간에서 깎여나간 시간의 조각들은 어디로 갔을까? 강물에 실려 평원에 부려졌을까? 아니면 지중해까지 흘러가 쌓였을까? 어쩌면 지금 내가 마주하고 있는 풍광과 삶으로 진화해 다시 이 골짜기에 퇴적된 것이리라.

아기 손바닥만 한 납작 돌들로 포장된 산길이 끝날 즈음에 잡초가 무성한 과수원이 오른쪽에 나타난다. 과수원 건너편 나무울타리가 둘린 메마른 밭은 갈지 않은 지 오래돼 보인다. 뿌연 흙길을 조금 더 오르니 널따란 평지가 펼쳐진다. 어디로 숨었는지 골짜기는 보이지 않고 들풀들이 가득한 벌판이다. 그 가운데로 난 길은 빗물에 쓸리고 자동차 바퀴에 패여 울퉁불퉁하다. 자동차 바닥이 긁히는 소리에 나도 모르게 엉덩이를 조이며 들어 올린다. 나는 고개를 앞으로 빼서 노면 상태를 확인한다. 바퀴 자국이 깊어 길 가장자리와 가운데가 높이 솟았다. 나는 운전대를 좌우로 돌려 가며 앞바퀴가 전철에 빠지지 않게 한다. 일반 자동차가 다니기에는 너무나도 거친 길이다. 그렇지만 내비게이션은 개의치 않고 앞으로 갈 것을 줄기차게 고집한다. 나는 이 길을 계속 가야 할지 고민한다. 내비게이션의 안내를 따라가다가는 렌터카가 온전하지 않을 것 같다. 멀리서 빨간 트랙터 한 대가 다가온다. 나는 오른쪽으로 차를 대고 내려 트랙터를 기다린다.

"메르하바!"

내가 인사하자 스포츠 선글라스를 낀 노인이 트랙터를 세운다. 노인이 다소 놀란 표정으로 뭐라고 말을 한다.

"피죤 밸리?"

나는 운전해 가던 방향을 손가락으로 찔러 대며 그에게 내비게이션의 경로를 확인했다. 노인은 앞뒤를 손가락으로 번갈아 가리키며 튀르키에 말로 뭐라 말한다. 나는 자동차에서 핸드폰을 꺼내어 번역 앱을 켠다.

"구벌친릭 바디시?"

나는 앱이 알려 주는 피죤 밸리의 튀르키에어 발음을 크게 따라 하며 다시 손가락질했다. 그러나 그는 높은 트랙터 운전석에 앉아 전과 마찬가지의 행동과 말을 하더니 트랙터를 몰고 가 버린다. 나는 다시 자동차에 올라 트랙터가 왔던 길을 거슬러 간다. 오른쪽으로 깊은 골짜기가 나타난다. 골짜기 건너편에 우치사르의 바위 성채와 그에 딸린 마을이 보인다. 이번에는 자동차 바닥이 돌에 쿵쿵 부딪히는 소리가 난다. 나는 잘 닦여 있을 국도를 이용하기로 하고 적당한 공터를 찾아 차를 돌린다. 저 멀리 빨간 트랙터의 지붕이 언뜻 보이더니 이내 들판

아래로 사라진다. 왼편 멀리 뵈는 우치사르 성채가 아름답다. 다시 길 바닥을 살피며 조심스럽게 운전하는데 왼쪽으로 난 샛길이 보인다. 나는 생각한다.

'저 길로 들어가면 절벽 끝에서 우치사르 성채와 마을을 온전히 조망할 수 있겠네. 그리고 그것은 여기까지 꾸역꾸역 오르며 겪은 고생과 허비한 시간에 대한 훌륭한 보상이 될 수 있겠어.'

나는 기꺼이 샛길로 들어섰다. 그러나 기대와는 다르게 길이 점점 더 험해진다. 바퀴 자국은 더 깊게 파였고 솟아오른 길 중앙에는 잡초들이 높이 자라 있다. 자동차 바닥이 끊임없이 쓸린다. 그늘진 길 군데군데 진흙 구덩이가 있어 바퀴가 미끄러지기도 한다. 우거진 억새와 거친 잡풀이 양옆에서 자동차를 긁는다. 내비게이션을 보니 자동차가 협곡 위를 날고 있다. 나는 이 길로 들어선 것을 후회했다. 그렇지만 차를 돌릴 만한 공간이 없어 어쩔 수 없이 계속 앞으로 내몰린다. 길 오른쪽에 가시덤불이 길고 날카로운 소리를 내며 자동차를 할퀸다. 내 몸이 할퀴어지는 것 같다.

"으으으…"

작은 신음과 함께 몸이 움츠러들었다. 길은 트랙터로도 가기 힘들어 보이는 깊은 웅덩이로 이어진다. 나는 차를 세우고 생각한다.

'기왕 여기까지 힘들게 왔는데 그냥 돌아갈 순 없지. 걸어갔다 와야겠다.'

나는 카메라를 챙겨 차에서 내린다. 그리고 몇 발짝도 떼지 않았을 때였다. 웅덩이 앞 우거진 덤불에서 커다란 검은 새 한 마리가 튀어나와 퍼드덕 날아간다. 소스라치게 놀란 나는 재빨리 차에 올라탄 후 문을 세게 닫는다. 스산한 바람 소리가 금방이라도 들짐승을 불러낼 것처럼 울부짖는다. 등골이 오싹해진 나는 창문을 끝까지 올린다. 그리고 무언가 나를 보고 있는 것 같아 주위를 살핀다. 하늘거리던 들풀들이 센바람에 길게 눕는다. 뒤에서 불어온 흙바람이 골짜기를 향해 날아가 아래로 휘갈겨 떨어진다. 협곡 건너편 우치사르 성채 꼭대기에 붉은 깃발이 요란하게 펄럭인다. 나는 시동을 걸어 후진으로 길을 빠져나간다. 다시금 자동차 양쪽에서 긁히는 소리가 난다. 마치 숨이 끊어지는 짐승의 외마디 비명 같다. 나는 쪼그라든 가슴을 부여잡으며 가속페달에 힘을 싣는다.

다시 돌아온 폐과수원 옆에 차를 세웠다. 내비게이션은 자동차의 진행 방향 때문인지 괴레메와 우치사르 간의 국도로 경로를 변경했다. 나는 차에서 내려 자동차에 났을 생채기를 확인한다. 뿌연 흙먼지를 뒤집어쓴 자동차 여기저기가 온통 상처투성이다. 큰 한숨을 내쉰 나는 손바닥으로 상처를 닦아 본다. 흙먼지와 함께 긁힌 자국도 지워진다. 천만다행이다. 렌터카 업체에서 부과하는 수리 비용을 두말없이 고스란히 내줘야 할 판이었다. 기쁜 마음으로 조수석 쪽으로 와 흙먼지를 떨어낸다. 그러나 뒷문 아래쪽에 난 흠집은 지워지지 않는다. 아마도 가시덤불에 의해 난 상처인 듯하다. 쭈그려 앉아 손가락에 침을 묻혀 가며 문질러 보지만, 흠집은 제거되지 않는다. 나는 자동차가 다닐 수 없는 비포장길로 안내한 내비게이션을 원망해 본다. 그렇지만 부질없는 일이다. 다만 렌터카 업체의 직원이 바가지만 씌우지 않기를 바라는 수밖에….

아래쪽에서 트럭 한 대가 올라온다. 나는 운전석에 오르려다 자동차 앞으로 비켜서서 길을 터준다. 그리고 트럭 운전사에게 손을 들어 인사한다.

"메르하바!"

"메르하바!"

낡은 챙 모자를 쓴 남성이 엄지를 들어 답했다. 나는 트럭이 일으킨 흙먼지를 피해 뒷걸음치다 발을 헛디뎌 넘어질 뻔했다. 트럭 운전사는 그런 나를 보고 웃으며 거수경례한다. 트럭이 지나간 길 위에 경유 탄 냄새가 짙게 밴 흙먼지가 날린다. 나는 먼지가 가라앉기를 기다리며 시선을 괴레메 골짜기로 돌린다. 마을은 아까 봤던 모습 그대로 고요하고 아늑하다. 나는 운전석에 올라탄다. 그리고 또다시 내비게이션이 안내하는 경로를 따라 운전한다.

"부화아앙, 부화아앙."

열기구의 기낭 안으로 시뻘건 불꽃을 토해내는 버너들의 외침으로 로즈 밸리가 요란하다. 이른 새벽임에도 넓은 골짜기 안으로 많은 사람이 모여든다. 땅바닥에 달걀프라이처럼 납작 퍼져 있는 열기구들을 세우느라 각 업체의 직원들이 부산하다. 잠이 덜 깬 관광객들은 그 옆에 서서 탑승을 기다린다. 하나같이 긴장감과 호기심이 섞인 상기된 표정이다. 멀찌감치 떨어져 있는 열기구 사이를 구경꾼들이 오가며 카메라와 핸드폰으로 촬영한다. 방금 도착한 마이크로버스에서 내린 사람들이 또 다른 열기구 쪽으로 이동한다. 골짜기 안으로 자동차들이 줄기차게 들어온다.

열기구가 하나둘 부풀어 오르기 시작한다. 노란 열기구는 기립을 마치고 사각 바구니에 승객을 태운다. 어느새 골짜기 건너편 하늘이 붉게 물들어 있다. 나는 더 많은 열기구의 이륙을 보기 위해 오른쪽에 있는 작은 동산 위로 올라간다. 모래가 덮인 경사면이 미끄럽다. 가파른 곳에서는 주위에 난 잡풀들을 부여잡고 의지하며 올라야 했다. 동산 위에는 이미 십여 명의 사람들이 자리를 잡고 섰다. 나도 한쪽 끝으로 다가가 선다. 동산 아래에서는 보이지 않았던 많은 열기구가 눈에 들어온다. 알록달록한 열기구들이 이쪽저쪽에 마치 꽃봉오리처럼 봉긋봉긋 맺혔다. 몇 개는 망울을 당장 터뜨릴 듯이 잔뜩 달아올랐다. 나는 고개를 오른쪽으로 젖혀 하늘과 땅을 거꾸로 본다. 하나둘 떠오르는 열기구들이 마치 뒤집힌 중력에 의해 골짜기에 맺혔다가 하늘로 떨어지는 커다란 물방울처럼 보인다.

"안녕하세요. 사진 찍어 줄래요?"

우리말이 들려 돌아보니 아슬리가 웃음 짓고 있다. 아슬리는 어젯밤 세마춤(이슬람교 일파인 수피즘의 종교의식에서 비롯된 춤) 공연장에서 만난 튀르키예 여대생이다.

"어? 아슬리!"

나는 동그래진 눈으로 반만 든 오른손을 몸에 붙여 흔들며 말했다. 그녀 뒤에 하잔과 소냐가 고개 숙여 인사한다. 공연장 옆 테이블에 앉았던 세 친구는 우리나라의 문화에 많은 관심을 보였다. 그중 아슬리는 한국어를 곧잘 했다.

"우와! 여기서 또 만나네요."

나도 모르게 우리말이 튀어나왔다.

"네, 그러네요."

독학으로 배웠다는 아슬리의 한국어 발음은 완벽했다. 나는 그녀들을 둘러보며 묻는다.

"그런데 열기구는 내일 탄다고 하지 않았나?"

"네, 맞아요. 오늘은 열기구 구경 왔어요."

아슬리가 대답했다.

"그렇군요."

나는 아슬리에게서 카메라를 건네받았다. 그리고 그녀들을 동산 마루 끝에 나란히 세운다.

"자, 서 보세요."

그녀들 뒤로 벌써 많은 열기구가 두둥실 떠올라 있다. 노랑, 파랑, 초록, 분홍, 보라…. 다채로운 열기구들은 마치 커다란 수족관 속의 열대어들처럼 자유로이 유영하며 하얀 미소의 그녀들에게 예쁜 배경이 되어 준다.

"이거 먹어요?"

큰 눈의 소냐가 초콜릿 하나를 수줍게 내밀며 우리말로 묻듯이 말했다. 그리곤 아슬리와 나를 번갈아 본다. 자신의 한국어가 적절했는지 궁금해하는 것 같았다.

"아, 감사합니다."

나는 다른 답으로 소냐가 맞았음을 확인해 주었다. 아슬리도 엄지를 세워 소냐를 칭찬한다. 소냐가 양손을 허리춤에 대고 턱을 한쪽으로 치키며 으스댄다.

"하하하…."

두 친구와 내가 그런 소냐의 모습을 보고 웃었다. 소냐도 따라 웃는다.

"우리는 지금 가야 해요."

아슬리가 말했다. 택시 기사와 약속된 시간이 되었다며 세 친구는 먼저 동산을 내려갔다. 나는 소냐가 준 초콜릿을 입안에 넣었다. 내쉬는 콧바람에 진한 초콜릿 향이 가득하다.

어느덧 하늘이 훤하게 밝아졌다. 건너편 구릉 위에서 하얀 드레스의 신부가 번쩍이는 플래시 앞에서 춤을 추듯 자세를 잡는다. 그녀 뒤로 열기구들이 낮은 안개구름에 숨은 해를 향해 잔잔히 흘러간다. 각각의 거리만큼 크고 작게 그려낸 동그라미들은 오선지에 걸린 음표처럼 높이 또한 제각각이다. 끊임없이 불을 뿜어도 좀처럼 상승하지 못하는 상아색 열기구 위로 보라색 열기구가 끝없이 올라간다. 나는 언

덕을 내려와 렌터카를 세워 놓은 곳으로 이동한다. 이제 자동차를 몰아 열기구를 따라가 보려 한다.

로즈 밸리에서 풍등처럼 떠오른 열기구들은 동풍을 타고 괴레메 마을을 지나 우치사르로 향한다. 승객을 태웠던 마이크로버스와 함께 다시 열기구를 실어야 하는 트레일러들이 그 뒤를 연 꼬리처럼 매달려 길게 좇는다. 저 멀리 보이는 일출 전망대에 많은 사람이 올라 이 장대하고 환상적인 퍼레이드를 아낌없이 관람하고 있다. 서쪽으로 달려가는 도로는 좌우로 구불거리지만, 열기구의 동선에 크게 벗어나지 않고 대체로 일치한다.

우치사르 성채가 가까워지자 열기구들이 고도를 낮추기 시작한다. 열기구 대부분이 국도 오른쪽으로 넓게 펼쳐진 러브 밸리로 향하지만, 일부는 국도 주변 둔덕을 착륙지로 선택한다. 나는 열기구의 착륙 장면을 촬영하려 자동차를 도로 왼쪽 넓은 공터에 주차한다. 빈 마이크로버스와 트레일러들이 계속해서 도로 위를 지나간다. 도로 건너편 작은 골짜기의 둔덕에 걸쳐진 열기구가 위태위태하다. 고도 조절의 실패로 잡목과 바위에 쓸리고 부딪치며 좀처럼 착륙하지 못하고 있다. 바닥과의 충돌이 있을 때마다 바구니에 탄 사람들의 짧은 비명이 들린다. 다행히도 큰 바위에 걸려 멈춰 서며 열기구가 그대로 착륙한다. 뒤늦게 나타난 업체 직원들의 도움으로 승객들이 힘겹게 바구니에서 내린다.

나는 다시 차에 오르려다 뒷문에 난 흠집 앞에 쭈그려 앉는다. 오후에 있을 렌터카 반납이 걱정이다. 보험은 들었지만, 혹시라도 업체에서 얼토당토않은 추가금을 요구하지나 않을까 해서다. 그때 경적과 함께 트레일러를 매단 트럭이 공터 안으로 들어선다. 나는 깜짝 놀라며 몸을 일으킨다. 선글라스를 낀 남성이 조수석에서 내리며 내게 손을 들어 미안함을 표시한다.

"메르하바."

나도 손을 들어 인사했다. 뒤따라온 마이크로버스에서 남색 티를 맞춰 입은 직원 너덧이 급하게 내린다. 내 앞으로 커다란 그늘이 드리워진다. 뒤돌아 올려다보니 머리 위로 열기구가 덮칠 듯 내려온다. 바구니에 걸쳐진 얼굴들이 이리저리 바닥을 살핀다. 열댓 명의 승객들의 표정은 마냥 즐겁다. 열기구의 버너가 간헐적으로 불을 뿜어대며 높이를 조절한다. 직원들이 바구니 아래 달린 밧줄 손잡이에 매달린다. 이윽고 선글라스를 낀 남성의 지시에 맞춰 체중을 실어 열기구를 트레일러 쪽으로 이동시킨다. 선글라스를 낀 남성도 힘을 보탠다. 수고를 덜기 위해 바구니를 땅바닥이 아닌 트레일러 위로 직접 올리려 하는 듯하다. 그런데 트레일러 반대쪽 작은 금속 기둥에 바구니가 걸려 안착하지 못한다. 그렇지만 직원 모두가 알아채지 못하고 낑낑대며 열기구를 끌어내리려고만 한다.

"뒤쪽이 걸렸어요."

옆에서 지켜보던 내가 말했다. 선글라스를 낀 남성이 바구니 손잡이를 놓고 몸을 수그려 반대쪽을 확인한다. 그리고 직원들에게 뭐라 말을 한다. 직원들이 바구니를 앞으로 조금 당긴 후에 아래로 끌어내린다. 바구니가 트레일러 위 직사각형 모양의 프레임에 정확히 안착한다. 선글라스를 낀 남성이 내게 말한다.

"감사합니다."

승객들이 직원들의 도움을 받아 바구니에서 차례로 내린다. 내린 이들은 삼삼오오 모여 아름다웠던 비행에 관해 대화를 나눈다. 그리고 여직원의 안내에 따라 마이크로버스에 탑승한다. 버스가 떠난 후 직원들이 트레일러 옆으로 넓게 퍼진 기낭에 올라타 남은 바람을 뺀다. 선글라스를 낀 남성이 사진을 찍고 있는 내게 다가와 손을 내밀며 말한다.

"저는 하칸입니다."

"안녕하세요. 저는 허입니다."

"네, 감사합니다."

남성이 다시 한번 고마움을 표시했다. 그리고 말을 이어 간다.

"그런데 당신 차에 문제가 있나요?"

"아, 렌터카인데 흠집이 생겼어요."

"그래요? 한번 봅시다."

하칸이 앞장서서 뿌연 흙먼지를 뒤집어쓴 내 차로 걸어간다. 나도 그의 뒤를 따른다. 하칸이 허리를 구부려 내가 보던 곳을 살핀다. 그곳에는 성냥개비만 한 길이의 흠집이 피딱지처럼 나 있다. 하칸이 손톱을 세워 힘주어 긁는다. 그러자 가로로 나 있던 흠집이 떨어져 나간다.

"우와!"

놀란 내가 소리쳤다.

"하하, 흠집이 아니었네요. 흙이네요."

하칸이 웃으며 말했다. 진흙이 엉겨 붙은 자국인 것 같아 나도 손톱으로 긁어 봤었다. 그때는 떨어지지 않았던 흙이 그의 손톱에 의해 이제야 떨어져 나간 것이다. 어이가 없었지만 기뻤다.

"오! 감사합니다."

"다른 문제는 없나요?"

"네, 없어요."

"여행 잘하세요."

"정말 감사합니다."

하칸이 열기구를 정리하는 직원들에게 돌아간다.

하늘에 떠 있는 열기구는 이제 보이지 않는다. 모두 골짜기 아래로 잦아들었다. 그런데 노란색 열기구가 홀로 우치사르 성채 위를 넘어가고 있다. 열기구의 고도가 성채보다 서너 배는 높아 보인다. 승객들에게 특별하고 놀라운 경험이 될 것 같다. 단지 노란 열기구의 멋진 비행이 안전한 착륙으로 잘 마무리되길 바란다. 걱정거리를 떨어낸 나는 홀가분한 마음으로 차에 오른다.

제7부

탄자니아

TANZANIA

애잔한 모시

　아직 시차 적응이 되지 않아 밤새 뒤척이다 새벽이 돼서야 잠이 들었다. 그래도 아침에 챙겨야 할 특별한 일정은 없기에 맘 편하게 늦잠을 즐길 수 있어 다행이라 생각하면서… 그렇지만 어렵게 부여잡은 잠은 방문 밖에서 두런두런 들리는 대화 소리에 달아난다. 방문 바로 앞에서 여성과 남성의 논쟁이 계속 벌어진다. 여성의 목소리는 숙소 주인이다. 문을 열어보니 남성은 어제저녁에 만난 자가용 택시 운전사 타옹가다. 모시 시내를 돌아보고 숙소로 돌아오는 길에 만난 타옹가의 차를 오늘 저녁 공항까지 타고 가기로 약속했었다. 그런데 왜 타옹가는 새벽부터 나를 찾아왔는지 의아했다.

　"공항 가야죠?"

　타옹가가 문을 열고 나온 나에게 물었다. 영어가 서툰 타옹가는 어제 내가 '오후 5시'라고 약속 시간을 재차 확인했음에도 불구하고 '오후'를 뺀 숫자 '5'만 들었던 것 같다. 게다가 여행객들이 주로 아침에 공항에 간다는 경험치도 한몫 작용했을 것이다.

"아침 5시가 아니고 오후 5시예요. 오후 5시."

나는 어이없어하며 대답했다. 내가 오늘 저녁에 공항으로 간다는 걸 알고 있는 숙소 주인이 타웅가에게 스와힐리어로 나무라듯 뭐라고 말한다. 타웅가는 주눅이 든 표정으로 뒷머리를 쓰다듬으며 주인의 말에 몇 마디 대꾸한다.

"오후 5시에 봅시다."

나의 말과 함께 두 사람은 미안하다며 중정 쪽으로 나간다. 숙소 주인의 핀잔이 다시 시작된다.

본토인 탕가니카와 인도양의 섬 잔지바르가 합병해서 탄생한 국가인 탄자니아는 아프리카 대륙에서 가장 높은 산인 킬리만자로를 품고 있다. 킬리만자로는 스와힐리어로 '킬리마(산)'와 '은자로(빛나는)'의 합성어로 '빛나는 산'을 뜻한다. 킬리만자로는 적도 부근에 있는 성층화산이지만 정상은 만년설로 덮여 있다. 킬리만자로 산기슭에 자리 잡은 이곳 모시는 이웃한 도시 아루샤와 함께 전 세계 등반객들의 베이스캠프 역할을 한다. 나는 어제 공항 착륙 전에 비행기 창으로 눈 덮인 킬리만자로의 쌍봉, 마웬지봉과 키보봉을 코앞에서 관람했다. 예상치 못한 호사를 누린 것으로 킬리만자로 등반을 갈음하고 나는 오늘도 어제처럼 모시를 속속들이 걸어 다니며 샅샅이 들여다보기로 한다.

큰 나무가 드문드문 심긴 화단이 중앙선을 대신하는 도로를 따라

걷는다. 차선도 없이 자동차와 오토바이들이 뒤섞여 달리는 모시의 주
도로다. 그런데 잉글랜드 프로축구팀 첼시의 유니폼을 입은 청년이 계
속 돈을 요구하며 따라온다. 내가 도로변에 높이 세운 광고판을 촬영
한 후부터다. 그의 손짓을 보아하니 촬영한 값을 내라고 하는 것 같
다. 청년의 진지한 표정에 순박함이 묻어 있다. 그의 요구는 협박보다
사정에 가깝다. 너무 질기다는 것이 문제지만⋯.

"아니요."

내가 근엄한 표정으로 검지를 세워 가로저으며 말했다. 하지만 청년
은 돌아설 듯하다가도 다시 따라온다. 도로변 느티나무 그늘에서 사
진들이 부착된 합판을 목에 걸고 있는 거리 사진사를 만났다. 사진사
의 사진을 구경하는 나를 청년은 옆에서 물끄러미 지켜본다. 나는 청
년이 단념하고 갈까 싶어 영어가 통하지 않는 사진사와 긴 대화를 시
도한다. 관심 없어 하는 사진사에게 서로의 카메라를 바꿔 구경하자
고 제안하며 시간을 끌어본다. 그러나 청년은 돌부처처럼 서서 둘의
대화가 끝나기를 기다린다. 한참 후 사진사와 헤어져 걸어가는 나를
청년이 다시 졸졸 쫓아오며 소심한 협박을 이어간다. 여차하다가는 종
일토록 첼시 팬 한 명을 뒤에 달고 다닐 분위기다. 나는 난감했지만
내색하지 않고 걷는다. 멀리서 경찰 오토바이 두 대가 달려오더니 도
로 옆 건물로 방향을 꺾어 들어간다. 도로에 세운 표지판을 보니 그곳
은 경찰서였다. 입구에서 출입자를 따로 제지하고 있지는 않다. 나는
구경도 할 겸 청년을 떨어뜨릴 생각에 경찰서로 들어간다. 그리고 뒤

를 몰래 살핀다. 망설이던 청년이 발길을 돌려 왔던 길로 되돌아간다. 나도 경찰서로 향하던 걸음을 원래 가려던 길로 바꾼다.

인도에서 노점상들이 간식거리, 신문, 책 등을 팔고 있다. 마사이 복장을 한 젊은 상인이 의자에 앉아 열심히 손톱 소지 중이다. 그가 내어놓은 좌판에는 향신료와 함께 여러 가지 색깔의 실을 매듭지어 만든 팔찌와 목걸이들이 널렸다. 노랗게 칠한 양철판으로 된 벽에 다양한 스포츠 브랜드의 중고 운동화들이 마치 곶감처럼 주렁주렁 매달려 있다. 다채로운 운동화들과 노란 벽의 대조가 예뻐 사진을 찍는 내게 스포츠 점퍼를 입은 상인이 다가와 묻는다.

"중국인?"

내가 아니라고 하니 두 번째 질문이 돌아온다.

"일본인?"

동양인 여행자가 많지 않은 나라를 여행할 때 현지인들이 내게 건네는 첫 마디는 나의 국적을 묻는 것이다. 그들은 '어디에서 왔어?'와 같은 개방적 질문보다 '중국인?', '일본인?'과 같은 단정적 질문을 주로 한다. 그런데 한 번도 '한국인?'이라는 질문을 첫 번째로 받아 보지 못했다. 중국인과 일본인이 아님을 내가 답하면 그때야 어디서 왔냐고 묻는다. 그만큼 중국과 일본의 국제적 위상이 우리나라에 비해 높기 때문일 것이다.

중국과 서구 간에 비단을 비롯한 각종 교역을 하면서 정치·경제·문화를 이어 준 실크로드는 기원전부터 중국이 세계사에서 차지하는 비

중을 가늠할 수 있게 한다. 대항해시대 이후에는 중국 상인들이 각 대륙으로 진출해 성공하면서 지금은 어느 나라건 큰 도시에는 차이나타운이 들어서 있다. 최근 패권에 혈안이 된 중국 정부는 '일대일로'와 '중국몽'이라는 캐치프레이즈를 걸고 아프리카와 동남아에 엄청난 돈을 들이부으며 그들의 위상을 더욱 공고히 하려 한다. 다만 '어글리 차이나'로 대변되는 중국인의 배려 없고 안하무인 격의 행동과 태도, 그리고 폐쇄적이고 비민주적인 정부에 의해 주도되는 왜곡된 국수주의가 걸림돌이 되어 중국이 전 세계적으로 지지와 사랑을 받기에는 쉽지 않아 보인다.

일본은 2차 세계대전 이후 패망한 나라에서 경제 대국으로 성장했다. 1980년대 일본의 워크맨, 아이와 등의 미니카세트와 아남, 샤프와 같은 브랜드의 오디오와 텔레비전들은 전 세계적인 인기를 끌었다. 일본 전자제품의 전성시대였다. 그때 얻은 명성은 철옹성 같아서 절대 무너지지 않을 것처럼 보였다. 그러나 지금은 한국과 중국의 제품에 밀려 영화를 누리던 일본 기업 대부분은 전자제품 사업에서 철수하거나 매각되었고 줄도산했다. 소니만이 남아 화려했던 명성의 명맥을 유지하고 있다. 카메라와 자동차 산업 또한 고전을 면치 못하고 있다. 변화보다는 전통을 중시하는 보수적인 일본의 생활 문화가 혁신을 통해 발전해야 하는 첨단 산업의 경영철학에도 배어 있기 때문이다. 경제성장 정책을 집행하는 관료들도 마찬가지다. 그들에게는 유연성은 없고 매뉴얼만 있다. 1990년대 버블 붕괴 뒤 나온 '잃어버린 10년'이란 말은 아직도 회복하지 못하는 장기 침체로 인해 이젠 '잃어버린 30년'으로 불리고 있다. 우리는 중국과 일본을 반면교사 삼아 그들의 전철을 밟지 않도록 경제와 문화 정책의 방향을 설정해야 할 것이다. 요즘 세계적인 인기를 누리는 'K-컬쳐(대한민국 문화예술)'는 배낭여행자들에게도 뿌듯함을 안겨 준다. 여행 중 만난 젊은 친구들 대부분은 한국 문화에 대해 많은 호감을 느끼고 있어 한낱 여행자에 불과한 나에게도 과분한 관심과 친절을 보여 준다. 언젠가는 여행하는 나를 보고 첫 마디에 한국인이냐고 물어보는 현지인을 만날 수 있기를 기대해 본다. 노란 피부의 동양인을 대표하는 대명사가 한국인이 되는 날을….

일본인이냐는 질문에도 내가 아니라고 대답하니 운동화 장수는 고개를 갸웃거리며 내게 같은 패턴의 세 번째 질문을 던진다.

"어느 나라에서 왔어?"

오후 5시가 넘었다. 나는 배낭을 꾸려 숙소 중정 벤치에 앉아 타웅가를 기다리고 있다. 새벽부터 나를 찾았던 타웅가의 곡진함을 생각하며 불안한 마음을 달래보지만 더는 지체할 수 없다. 다르에스살람행 비행기 탑승 시간에 늦지 않기 위해서 지금 킬리만자로 국제공항으로 출발해야 한다. 손님이 나밖에 없는 숙소는 주인까지 자리를 비워 적막강산이다. 콜택시나 다른 교통편을 문의할 창구가 없다. 나는 별수 없이 배낭을 메고 숙소 밖으로 나선다.

숙소 골목과 닿아 있는 큰길은 퇴근 시간과 맞물려 혼잡했다. 도로

가에 자가용 택시가 여러 대 서 있다. 한 자가용 택시 기사가 앞뒤로 배낭을 멘 내 모습을 보고 다가오며 묻는다.

"킬리만자로 공항에 가나요?"

"네, 그런데 타옹가를 아나요?"

혹시 기사가 타옹가를 알까 싶어 물었다.

"모릅니다."

대답한 기사에게 나는 타옹가의 택시를 예약했는데 그가 나타나지 않는다며 가능하다면 그의 차를 타고 가고 싶다고 했다. 기사가 저쪽 구멍가게 앞에 모여 앉은 사람들을 큰 소리로 불러 스와힐리어로 대화를 나눈다. 그리고 내게 말한다.

"타옹가가 한 시간 전쯤에 손님을 태우고 시내 쪽으로 갔다고 하네요."

"알겠습니다. 공항으로 갑시다."

기사가 열어 주는 트렁크에 큰 배낭을 싣고 있는데 뒤쪽에서 경적이 울린다. 돌아보니 타옹가의 낡은 차가 숙소 골목길에서 나오고 있다. 약속 시간을 어긴 불쾌함보다 재회의 반가움이 컸던지 나는 타옹가에게 손을 들어 인사한다. 그리고 기사에게 양해를 구한 다음 타옹가의 차에 올랐다.

한적한 2차선 외곽 도로에서도 차의 속도가 경운기보다 조금 빠른 수준이다. 계획했던 시간보다 늦은 출발이었기에 나는 빨리 가 달라고 타옹가를 재촉한다. 그러나 그는 고개만 끄덕일 뿐 속도를 내지 않는다. 아니, 못 한다. 오래된 타옹가의 차는 이미 최고 속도를 내고 있던 것이다. 그의 차 뒤로 밀려 있던 자동차들이 하나둘씩 요란한 엔진음을 내며 보란 듯이 추월해 저 멀리 사라진다. 심지어 진작에 폐차했어야 할 것 같은 녹슬고 낡은 트럭까지도 시커먼 연기를 뿜어놓으며 앞서간다. 간혹 짐을 잔뜩 싣고 거북이 운행을 하는 트럭이라도 만날라치면 타옹가는 좋은 핑곗거리라도 잡은 듯이 트럭의 꽁무니를 하염없이 쫓는다. 게다가 갈림길이 나타나면 그 앞에 멈춰 서서 어느 쪽으로 가야 할지 몰라 망설인다. 내가 표지판을 보고 방향을 알려 줘야 한다.

"타옹가! 공항에 가 본 적은 있어요?"

내 질문에 그는 고개를 끄덕이며 앞만 바라본다. 한 시간도 안 남은 탑승 시간에 불안해진 나는 타옹가를 타박하기 시작한다. 이렇게 오래된 차로 어떻게 공항 갈 생각을 했냐, 공항에 가 본 적이 있는 게 맞냐, 비행기를 놓치면 책임질 거냐는 둥…. 나의 말에 타옹가는 멋쩍게 웃으며 앞만 바라보고 운전한다.

길쭉한 가로수를 가로등 삼은 킬리만자로 산자락 길에 어느 틈엔가 어둠이 내려앉았다.

'그냥 숙소 앞길에서 만난 택시를 바로 타야 했어!'

나는 과거 선택에 대해 미련이 아닌 후회가 들었다. 무채색의 킬리만자로 위로 날아가는 놓친 비행기를 씁쓸히 바라보며 다시 느려 터진 타옹가의 차를 타고 모시로 돌아가는 장면을 떠올린다. 내일 다르에스살람으로 가는 비행편이 있을지도 걱정이다.

검은 어둠이 넓게 덮인 들판 끝에 하얀 불빛들이 옹글종글 모여 밝게 빛난다.

"와! 공항인가요?"

"네."

타옹가가 땀으로 번들대는 얼굴로 답하고는 나를 향해 허연 이를 내보이며 웃는다. 마치 힘든 일을 해낸 아이가 뿌듯해하며 칭찬이라도 한마디 듣고 싶어 하는 표정 같았다. 얼마 남지 않은 탑승 시간을 생각하면 아직은 결론지을 수는 없지만, 그도 최선의 노력을 기울였다. 식솔들의 밥벌이를 위해 새벽부터 쉴 틈 없이 고물 자동차를 운행해야 했고, 길도 잘 알지 못하는 머나먼 공항에 가야 했다. 비행기를 놓치면 책임질 거냐는 나의 윽박을 웃음으로 참아내며 어두운 산길을 식은땀으로 달려야 했다. 가족을 등대 삼아 닳고 닳은 자가용 택시를 끌어야 하는 그의 고단한 삶이 이제야 들여다보인다. 비난의 말을 퍼부은 나 자신이 창피하고 부끄러워진다.

불빛 반짝이는 공항은 마치 하늘의 별처럼 가도 가도 좀처럼 가까워지지 않았다. 나와 같은 마음일 타옹가가 상체를 앞으로 빼며 가속페달에 몸을 싣는다.

탑승 마감 시간을 겨우 반 시간 남긴 채 타옹가의 차가 공항 입구에 도착했다.

"미안합니다."

배낭을 서둘러 챙기는 나를 타옹가가 거들며 말했다.

"아니에요. 오히려 내가 미안합니다. 타옹가, 수고했어요."

서둘러 들어선 작은 공항에 인적이 뜸하다. 탑승 거부를 당할까 졸이는 마음으로 발권 창구에 e-티켓과 여권을 내미니 직원이 상냥하게 응대한다. 발권을 마치고 탑승장으로 들어가니 다르에스살람행 항공편 게이트에서 나와 같은 지각생 한 명이 숨이 찬 모습으로 직원에게 여권을 꺼내 보여 주고 있다. 나도 그녀의 뒤를 따라 게이트로 들어간다.

게이트를 지나 활주로로 나서자 가까운 곳에 타고 갈 프로펠러 비행기가 늦은 승객을 재촉하며 기다리고 있다. 비행기 후미에 열린 출입문은 턱이 빠진 듯이 바닥으로 툭 떨어져 탑승 계단으로 둔갑해 있다. 걸음을 바삐 옮겨 다가가니 좁은 입구에 승무원이 바람을 맞고 서서 내게 눈인사한다.

길고 좁은 복도 양쪽으로 두 줄씩 배치된 좌석은 절반도 차지 않았다. 내 뒤로 한 명의 남성이 더 탑승한 후에야 비행기는 짧은 기내 방송과 함께 움직이기 시작한다. 활주로 끝에 잠시 멈췄던 비행기는 요란한 진동과 함께 내달려 하늘로 솟구쳐 올랐다. 가파르게 상승하던 비행기가 좌측으로 크게 선회하며 활공한다. 창 너머로 내다보이는 킬리만자로 산자락 검은 들판에 자동차 불빛 하나가 길을 내며 달리고 있다.

'잘 있어요, 타옹가. 행복하길 바랄게요.'

벚꽃 날리던 다르에스살람

구수한 생선 굽는 냄새가 식사 때를 놓친 여행자의 식욕을 자극한다. 음지지마 어시장 뒤쪽 농구장만 한 크기의 공간에는 여러 개의 큰 숯불구이판들이 놓였다. 커다란 뒤집개를 든 남성들이 매운 연기에 눈살을 찌푸리며 노릇노릇하게 생선을 훈제한다. 냉장 시설이 보편화되지 않은 아프리카에서는 생선을 주로 훈제해서 보관한다. 생선이 열과 연기를 맞으면서 맛도 좋아지고 또한 살균 처리가 되어 쉽게 상하지 않기 때문이다. 머리에 두른 히잡을 당겨 코를 막은 여인들이 의자에 앉아 맡긴 생선을 기다린다. 끊임없이 피어오르는 연기는 사각 콘크리트 기둥뿐만 아니라 그 위 천장도 온통 시커멓게 그을러 났다. 노란 히잡의 여인이 이고 가는 하얀 플라스틱 양동이에 훈제된 생선이 그득 담겼다. 나는 여인을 따라 어시장으로 이동한다.

아랍어로 '평화의 항구'라는 뜻을 지닌 다르에스살람은 아프리카에서 손꼽는 규모로 인도양 연안에 있는 항만 도시다. 다르에스살람은

탄자니아의 최대 도시로서 한때 수도이기도 했다. 19세기 잔지바르 제국의 술탄이 개명한 다르에스살람. 그전의 이름이 음지지마였고 어시장은 옛 도시의 이름을 지우지 않고 그대로 남긴 것이다.

음지지마 어시장 곳곳에는 인도양에서 갓 잡아 올린 신선하고 다양한 물고기들이 널렸다. 내 앞으로 두 명의 인부가 생선을 담은 광주리를 양쪽으로 들고 간다. 출렁이는 광주리를 물고기 한 마리가 타고 넘는다. 흥건한 바닥 구석으로 처박힌 물고기가 애처로이 팔딱이지만 아무도 눈길을 주지 않는다. 생선을 쌓아 놓은 테이블에 둘러앉은 사람들이 비늘 제거 작업에 여념이 없다. 칼을 세워 박박 긁어내는 비늘들이 햇빛에 반짝이며 하얀 벚꽃잎처럼 흩날린다. 봄바람을 꿈꾼 비늘들은 좌대에 수북이 쌓이며 뻣뻣한 비린내가 된다.

어시장 건물 옆 커다란 나무 좌판에서 경매가 시작됐다. 씨알 굵은 생선들이 올려진 좌판을 가운데 두고 수십 명의 사람이 몰렸지만 소란스럽지 않다. 경매 참가자는 대부분 여성이다. 경매사의 닦달하는 목소리에 눈치만 주고받을 뿐 히잡 속의 손을 쉽게 보여 주지 않는다. 몇 번의 거수를 제치고 꽃무늬 히잡을 쓴 여인이 물고기들을 차지한다. 이곳에서 열리는 경매를 통해 탄자니아 전역으로 각종 수산물이 팔려나간다.

어시장 앞마당에는 부서진 산호로 이루어진 백사장이 푸른 인도양을 담고 있다. 파라솔을 펼쳐놓고 선베드에 누워 칵테일 한잔을 해야 할 것 같은 빼어난 경관의 해변에는 밤새 조업을 마치고 돌아온 고깃

배들이 정박 중이다. 변변한 접안 시설조차 없어 수심 얕은 모래 위에 뱃머리를 걸쳐놓고 하선 중이다. 일꾼들이 빈 플라스틱 양동이를 배 위로 던져주면 물고기가 가득 담겨 되돌아온다. 무거워진 양동이를 양손에 거머쥔 일꾼은 뒤뚱이며 물고기를 어시장으로 옮긴다. 한 일꾼은 작은 물고기들이 들어 있는, 구멍이 숭숭 뚫린 양동이를 바닷물에 담가 왼쪽 오른쪽으로 세차게 돌려 조리질하듯 씻은 후 어시장으로 가져간다.

하얀 모래밭 한편에서 작은 어선들의 도색 작업이 한창이다. 적도의 태양이 뿜어내는 열기에도 아랑곳하지 않고 웃통을 벗은 청년은 콧노래를 부르며 작업을 한다. 선박 상단의 초록색 밑동으로 빨간 페인트를 듬뿍 머금은 청년의 붓이 조심스럽게 움직이며 만재 흘수선을 그려낸다. 노란 뜨개 모자를 쓴 청년의 얼굴과 몸에는 두 색이 경계선 없이 덕지덕지 뒤섞여 있다. 그 옆에 조아리고 앉아 방수 작업을 하던 노인이 고개 들어 소리친다. 배 너머에서 누군가 대답하자 둘 사이에 짧은 대화가 이어진다. 잠시 후 선미 쪽에서 나타난 레게 머리의 남성이 나를 발견한다. 손 인사를 건네는 내게 남성이 거칠고 굵은 목소리로 인사한다.

"잠보!"

나도 인사한다.

"잠보!"

내가 뒤에 있었음을 그제야 알게 된 노인과 청년이 뒤를 돌아본다.

나는 그들과도 인사를 나눈다. 세 사람이 페인트 통, 붓, 삽 등의 도구를 챙겨 야자나무 그늘 쪽으로 간다. 레게 머리의 남성이 내게 따라오라고 손짓한다. 야자나무 아래에 그들의 소박한 점심이 차려진다. 먹어보라는 노인의 권유를 따르기에는 비닐봉지 속에 든 차파티(밀가루를 반죽하여 둥글고 얇게 만들어 구운 음식)의 양이 부족해 보였다. 나는 뛰쳐나올 것 같은 허기를 목젖으로 억누르며 태연한 척 말한다.

"나는 괜찮습니다. 맛있게 드세요!"

그리고 어시장의 식당가로 향한다.

페리 터미널에서 잔지바르행 여객선 티켓을 구매하고 나오는 길이다. 터미널 맞은편에 있는 성 요셉 대성당으로 고급 승용차들이 들어선다. 성당 안마당에 검은색 정장을 입은 남성들이 삼삼오오 모여 대화를 나눈다. 검은 밴의 문이 열리며 하얀 웨딩드레스를 입은 여성이 바닥을 살피며 조심스럽게 발을 내민다. 불청객인 나는 마치 결혼식의 하객인 양 성당으로 자연스럽게 들어선다.

세모난 주황색 기와지붕 밑으로 특별한 조각상 없이 긴 직선들로 음각된 파사드가 성당의 풍채를 단정하게 장식한다. 작은 십자가를 세운 세 개의 테라스가 그 앞으로 한걸음 나섰다. 테라스들 아래에는 성당으로 들어가는 붉은 나무문이 각기 다른 문양으로 조각되었다. 세 개의 문 앞 넓은 계단에 말끔한 차림의 아이들과 여성들이 앉아 스마트폰을 즐기고 있다. 한 무리의 빨간 드레스를 입은 여성들이 계단을 올

라 성당 안으로 들어간다. 그 뒤를 검은 양복의 빨간 넥타이를 맨 남성들이 따른다. 성당 옆 공터에는 에메랄드빛 드레스를 입은 여성들과 같은 색의 넥타이를 맨 남성들이 서로 사진을 찍어주고 있다. 나와 눈이 마주친 여성이 카메라를 들어 보이며 손짓한다. 나는 카메라를 건네받아 환하게 웃는 얼굴들을 성당 쪽으로 세워 촬영했다. 성당 입구 옆 간이 건물에서 두 명의 신부가 단장을 마치고 나온다. 여러 쌍이 예식을 올리는 합동결혼식으로, 커플에 따라 옷 색깔을 달리해 서로를 구분하여 축하한다.

성가대의 합창으로 결혼식이 성대하게 시작됐다. 지역 방송국에서 나온 기사들이 커다란 조명 시설과 카메라를 설치하여 촬영한다. 사진을 찍는 나를 보고 카메라맨이 씽긋 웃으며 옆자리를 허락한다. 양쪽으로 배치된 긴 의자의 네 번째 줄까지 신랑 신부와 가족들이 한 줄씩 앉았다. 그러고 보니 총 여덟 쌍이 결혼식을 치른다. 성당의 스테인드글라스 창으로 들어온 빛이 신부들의 하얀 웨딩드레스에 색색으로 내려앉아 오색 저고리로 물들인다.

오른쪽 맨 앞줄에 앉은 앳된 신부의 얼굴이 시작부터 잔뜩 찌푸려져 있다. 화려한 식장의 모습과 달리 신부의 낯빛은 점점 어두워지더니 결국 눈물을 쏟는다. 옆에 앉은 신랑과 가족들은 신부를 위로할 마음이 없어 보인다. 신랑의 넥타이 색이 성당 밖에서 사진을 찍어줬던 친구들의 옷 색깔인 에메랄드빛이기에 더 안타깝다. 사랑과 축복으로 풍성해야 할 결혼식에서 무슨 사연이 신부를 슬프게 하는지 마음이 쓰인다. 그녀는 자신의 선택, 어쩌면 집안의 선택을 부정하고 싶은 걸까? 그렇다면 그 이유는 무엇일까?

우리는 하루에도 수없이 많은 선택을 한다. 아침에 일어나서 오늘은 뭘 입어야 할지, 점심 메뉴를 짜장면으로 할지 아니면 짬뽕으로 할지, 달갑지 않은 저녁 모임에 나갈지 말지 등과 같은 가벼운 선택들. 그리고 어느 학교로 진학할지, 새로운 직장은 어디로 할지, 지금의 저들처럼 결혼한다면 누구와 할지, 언제 은퇴할지, 어떻게 죽을지와 같은 삶을 방향 짓고 결정하는 무거운 선택을 한다. 아니, 해야 한다. 때로는 가벼운 줄로만 알았던 선택이 운명을 바꾸기도 한다. 이를 알기에 우리는 선택의 갈림길에서 항상 고민하게 된다. 어떠한 길도 100% 좋거나 싫은 길은 없다. 각각의 장단점이 명확게 구별되지 않고 서로 얽혀있어 1%의 가치 차이를 찾아내 선택해야 할 때도 있다. 그렇게 어렵게 결정한 선택의 결과와 그것이 장래에 미치는 영향을 상상하다 보면 결국 결정장애를 유발하기도 한다. 이러한 상황에서는 나의 가치관과 취향, 그리고 삶의 목표를 다시 살펴보고 어떤 것이 더 근접한 선택인지를 따져보는 것이 필요하다. 그리고 내가 하지 않은 선택에 대해 미련을 두지 말아야 한다. 선택의 또 다른 이름은 포기이다. 과감한 포기가 후회 없는 선택을 만든다. 어쩌면 사람들은 새로운 선택을 두려워하는 것이 아니라 그로 인해 잃게 될 것을 두려워하는 것이다. 선택으로 모두를 가질 수는 없다. 이것이 바로 선택의 본질이다.

선택은 우리 삶에서 반복적으로 직면하는 필수 불가결인 질문 중 하나다. 그것이 너무 무겁고 어려워 외면하거나 미루고 싶어질 때도 있다. 그러나 선택은 우리에게 새로운 기회를 제공하거나 예상치 못한 좋은 결과를 주기도 한다. 삶에 변화를 불러오고 성장과 배움의 기회를 제공하기도 한다. 이는 배낭여행과 같은 새로운 도전을 용기 내어 실행할 수 있는 필요조건이 된다. 또한 선택은 한 사람의 정체성과 자존감을 형성하는 과정에서 막대한 역할을 한다. 내가 선택하는 것들은 내가 누구이며, 무엇을 중요하게 여기는지를 보여 준다. 즉, 지금까지의 나를 정의하고 앞으로의 나를 결정짓는 핵심적인 구성 요소다. 그리고 다른 사람은 그런 나를 평가하고 또 나와의 관계를 선택한다. 이렇듯 우리는 선택을 통해 자신뿐만 아니라 타인에게도 영향을 미치면서 각자가 원하는 삶을 만들어 간다. 그렇기에 선택은 누구에게나 누리고 싶은 권리이자 피하고 싶은 의무이다.

다만, 선택에 대한 평가는 신중해야 한다. 보편적인 선택이 더 자부심을 느끼고 당당할 수 있겠으나 나의 처지와 형편을 고려해 볼 때 그것을 감당할 자신이 없다면 남들과 다른 선택을 할 수 있다. 그리고 그런 선택에 대해 다른 이들이 옳고 그름을 판단할 수는 없다. 우리의 삶은 겉보기와 실제가 다른 경우가 많다. 자존심보다 무거울 수 있는 누군가의 삶의 무게, 그런 짐을 짊어지고 살아내기 위해 내린 결정에 대한 평가와 책임은 오직 그 자신만의 몫이다. 그의 선택에 대해 공동체의 통념적인 평가를 할 수는 있겠으나 그것이 불가역적이고 최종적

이어서는 안 된다. 위계와 서열이 매겨지고 불평등이 엄연히 존재하는 냉혹한 현실 속에서 일률적인 선택의 기준을 제시하고 평가한다는 것은 합리적이지 않다. 때에 따라 가혹할 수도 있다. 각자 주어진 삶의 형태와 신념, 그리고 경험이 다르기 때문이다. 다수의 상식보다 개인의 생존이 우선이다.

여덟 번의 예물 교환과 성혼선언문 낭독이 끝났다. 신랑 신부 자리 뒤쪽에 앉았던 붉은 칼라의 가운을 입은 성가대가 일어나 축가를 부르며 예식이 마무리된다. 이어서 여덟 번의 기념 촬영이 성당 앞 계단에서 시작된다. 엄숙했던 성당 안의 분위기와 달리 촬영장은 유쾌하다. 신랑 신부와 가족들이 계단에 줄을 설 때마다 그 모습을 담기 위해 지인들이 카메라와 스마트폰을 높이 들어 올린다. 노란색으로 맞춰 입은 가족들은 하객들이 많지 않아 촬영이 금방 끝난다. 계단에 에메랄드빛의 가족들이 모여 선다. 나는 안쓰러움에 신부를 찾아보지만 보이지 않는다. 가족들은 신부 없이 계단에 나란히 줄을 선다. 지인들이 촬영을 멈추고 신부를 찾는다. 잠시 후 세 개의 문 중 왼쪽 문에서 신부가 환하게 웃으며 엄마의 손을 잡고 나온다. 아직도 그녀의 눈엔 눈물이 글썽거린다. 엄마의 얼굴에도 눈물이 흐르고 있다. 신부의 어두웠던 표정은 애끓는 모녀간의 사랑 때문이었나보다. 아니 이제는 영영 돌아오지 않을, 함께했던 시간이 사무치기 때문이리라. 머나먼 이국땅에서 만난 결혼이 낯설어 새롭기도 하고 낯익어 반갑기도 하다. 지인들이 환호로 신부를 신랑 옆에 세우고 본격적인 촬영을 시작한

다. 부디 신부가 자신의 선택을 후회하지 않도록 항상 행복한 결혼생
활이 되기를 바란다.

슬픈 잔지바르

'Karibu Zanzibar'

페리를 타고 두 시간여 만에 도착한 여행자들을 잔지바르가 반긴다.

인도양의 푸른 빛을 닮은 잔지바르 항만 지붕 위에는 '카리브 잔지바르'라는 글귀의 빨간색 간판이 크게 세워져 있다. '카리브'는 스와힐리어로 '환영합니다'이다. 잔지바르를 여행하며 현지인들이 나와 눈을 마주쳤을 때 스스럼없이 먼저 건네는 인사말이 '카리브' 또는 '잠보'이다.

페리가 들어서는 부두 저편, 야자나무를 담장 삼은 백사장에서 공놀이하는 아이들이 즐겁다. 나무 그늘에는 한가로이 앉은 사람들이 햇살 가득한 바닷바람을 맞는다. 그들의 시선 끝에는 판자 지붕을 올린 조각배들이 파란 물결에 일렁이며 한데 모여 있다. 저마다의 물감으로 알록달록 채색된 배들과 바다의 경계면이 셀로판처럼 얇고 투명하다. 빗나간 어부의 낚싯바늘에 스치기라도 하면 바로 터트려져 바닷물로 선명한 색들을 온통 풀어낼 것 같다.

부두에서 구름다리로 이어진 터미널 입구에 입국심사대가 있다. 잔지바르는 탄자니아 자치령으로서 입도를 위해 입국 신고서 작성 및 심사를 통해 여권에 도장을 받아야 한다. 국기도 탄자니아 본국과 구별해서 사용한다. 두 곳을 여행하다 보면 차량 번호판 왼쪽 위 모서리에 그려진 국기가 서로 다른 것을 볼 수 있다. 제주도보다 조금 큰 섬 잔지바르는 탄자니아의 자치령이 아닌 독립 국가를 원하고 있다.

길었던 입국 심사의 줄이 짧아지면서 내 차례가 되었다. 하얀 프레임으로 세운 유리 부스 안에 파란 유니폼을 입은 직원이 앉아 내 여권을 들여다본다.

"코리아!"

유쾌한 얼굴의 직원이 시선을 맞추며 말했다.

"네."

나의 대답에 그가 얼버무리는 듯한 발음의 우리말로 인사한다.

"아녀하쎼여."

"오! 잠보, 안녕하세요."

나는 발음을 교정해 주듯 우리말을 곁들여 인사했다. 직원은 흡족해하는 표정으로 여권에 도장을 과장된 동작으로 찍는다. 그리고 여권을 내게 돌려주며 다시 인사한다.

"카리브 잔지바르!"

아침 일찍 숙소를 나와 어제 미처 보지 못했던 스톤타운(잔지바르의 구시가지)으로 들어선다. 스톤타운의 오래된 골목은 아프리카라기보다 아랍이나 인도 색채가 더 강하게 풍긴다. 2층 창문을 따라 통으로 두른 목조 발코니, 허옇게 칠한 회벽, 높고 두툼한 나무문에 장식된 놋쇠와 크게 박힌 징, 그 옆을 지나가는 이슬람 모자와 히잡을 쓴 남녀 아이들이 잔지바르에 교차했던 문명들을 기억하고 있다.

스와힐리어로 '음지 음콩웨(고대 마을)'라고 불리는 도시가 스톤타운으로 알려진 역사는 그리 오래되지 않다. 약 300년 전인 1860년대부터 도시의 건물들을 돌만으로 지으면서 스톤타운이라고 불리게 되었다. 골목길을 걷다 보면 회반죽이 벗겨진 낡은 건물을 만나게 된다. 속이 드러난 벽은 거친 돌덩이들이 조적 재료로 쓰인 것을 보여 준다. 그렇게 오랜 골목의 시간은 흘러가지 않고 도시 구석구석에 각색되어 켜켜이 쌓여 있다.

고대 페르시아인들이 건설한, 오래된 해상 무역도시 스톤타운은 천혜의 지정학적 위치로 천년 넘게 아프리카와 인도, 아랍과 유럽을 연결하는 무역의 중심지 역할을 이어 왔다. 16세기 초부터 200여 년간 포르투갈에 점령되었다가 1698년 아라비아반도를 건너 동부 아프리카 연안까지 영토를 확장한 오만 제국의 지배를 받는다. 한때 오만 제국의 수도가 되기도 했으며 그 후 19세기 후반 영국의 식민 통치를 받다가 1963년 잔지바르 혁명을 통해 영국과 술탄으로부터 독립을 이루기까지 다양한 종교와 문화가 도시에 덧칠해졌다.

골목길 자락에서 만난 성 요셉 성당이 아랍풍 건물들 사이로 종탑

위 십자가를 드높이 올렸다. 담장 하나를 두고 접한 이슬람 사원의 확성기에서 나온 기도 소리가 성당 앞마당에 울려 퍼진다. 누구에게는 도발일지도 모를 이 생경함은 이곳에서는 수용으로 공존하는 듯하다. 이처럼 스톤타운은 한 가지만으로 정의될 수 없는 다양한 모습이 깃들어 있다. 수많은 이야기와 삶이 나고 들면서 겹겹이 엎어진 색채가 배제 없이 도시에 투영되어 조화를 이루면서 독특한 매력을 자아낸다. 그리고 그 조화로움을 닮은 사람들이 잔지바르를 살아가고 있다.

거미줄처럼 얽히고설킨 스톤타운 골목길들은 작은 공터인 조스 코너로 모인다. 공터 한쪽 벽면에는 바닷속에서 솟아오른 조스가 날아가는 갈매기를 향해 잡아먹을 듯 아가리를 쩍 벌린 모습이 생동감 있게 그려졌다. 날카로운 삼각 이빨을 드러낸 시뻘건 조스의 주둥이에 백발의 노인이 머리를 기대고 졸고 있다. 갈매기보다 노인이 더 위험해 보인다. 공터에 이마를 맞댄 집들이 내준 툇마루 같은 시멘트 턱에 한 무리의 관광객이 앉아 가이드의 설명을 듣는다. 하얀 히잡을 쓴 여자아이들이 구멍가게에서 과자 봉지를 들고나와 앉아 재깔거린다. 나도 한쪽 벽에 기대고 앉아 배낭에서 물통을 꺼내 목을 축인다. 조스의 공격으로부터 무사히 잠을 깬 노인이 지팡이에 의지해 공터를 가로질러 터벅터벅 걸어간다. 노인이 들어가는 골목 옆 구석진 벽에 큰 텔레비전이 걸려 있다. 이곳을 조스 코너로 불리게 만든 장본인이다. 식인 상어를 소재로 제작된 할리우드 영화 '조스'를 마을 사람들이 이곳에 모여 다 같이 관람하면서 공터의 이름이 조스 코너가 되었다고 한다. 지금도 밤이 되면 하루를 끝낸 이웃들이 모여 텔레비전을 켜서 축구 중계도 보고 영화도 보며 더위를 식힌다. 조스 코너는 동네 사랑방이고 마을 극장이다. 내게 아련한 유년 시절을 떠올리게 하는 조스 코너가 정겹다. 나는 텔레비전이 귀하던 시절, 동네 부잣집에 친구들과 모여 앉아 프로레슬링 중계를 보던 추억을 회상하며 자리를 털고 일어선다.

골목 어귀마다 길거리 화랑이 들어섰다. 전시된 것은 아프리카의 동물과 새, 춤추는 부족민, 물동이를 이고 가는 여인 등의 장면을 단순한 선과 진득한 색감으로 묘사한 팅가팅가 그림들이다. 크고 작은 그림틀이 벽에 기댄 채 보태지고 얹어지며 아슬아슬하게 쌓여 올라가 오가는 이의 시선을 사로잡는다.

팅가팅가는 탄자니아에서 시작된 회화 스타일로서 장르의 이름은 창시자인 에드워드 사이디 팅가팅가의 이름을 따서 명명한 것이다. 팅가팅가는 대상에 유머와 풍자를 담아 순진하고 단순한 기법으로 표현한 일종의 공상화라고 할 수 있다.

나는 기린, 얼룩말, 원숭이 등의 동물 그림 중 사자 그림 앞에 서서 한참을 바라본다. 사람의 눈동자를 가진 사자다. 기괴하면서도 익살스러운 모습에서 맹수의 흉포함은 온데간데없다. 먹이를 찾아 산기슭을 헤매기보다는 드넓은 초원에 흐드러진 들꽃을 나무 그늘에 앉아 감상할 눈빛이다. 굶주림과 추위를 버티며 동이 트기만을 기다리기보다는 편안한 밤을 보내고 따사로운 아침 햇살을 알람으로 맞이할 범

인의 눈동자이다. 물론 날이 밝으면 다시 정글로 들어가야 하는 공통된 운명이지만⋯.

이러다가 죽는 게 아닌가 싶다. 승객들을 잔뜩 실은 달라달라(소형 승합 버스)의 폭주는 잠비아니 해변을 출발한 후 얼마 되지 않아 시작됐다. 잠비아니는 너무나도 아름다웠지만, 비수기로 텅 빈 해변을 나 홀로 방문하기에는 따분했다. 그런 나의 무료함을 달래주려는 듯 기사의 핸들링이 목숨이 여러 개인 컴퓨터게임을 하듯 현실감이 없다. 구불구불 이어지는 울창한 가로수 길을 달라달라는 마치 가파른 레일 아래로 내리꽂는 놀이동산의 롤러코스터처럼 내달린다. 전복의 임계점에 다다른 속도로 커브를 돈다. 그럴 때마다 승객들은 바깥쪽으로 심하게 쏠린다. 버스의 안쪽 바퀴가 허공으로 들린 듯하다. 왕복 2차선 도로에서 중앙선을 넘는 아슬아슬한 추월이 잇따른다. 달라달라에 타고 있는 현지인들도 긴장한 모습이지만 누구 하나 나서지 않는다. '인샬라(알라신의 뜻이라면)'를 마음속으로 외며 평안을 찾을 그들과 달리 두려운 나는 기사에게 안전 운행을 요청이라도 해 볼까 망설인다. 긴 커브 구간에서 내 쪽으로 몸이 계속 쏠리던 옆자리 여성이 미안한 듯 웃음을 보낸다.

"우와! 괜찮아요."

나는 이 아찔한 상황에 놀라 웃으며 말했다. 그리고 어깨로 그녀를 버텨 준다.

다행히 달라달라는 스톤타운 외곽 정류장에 무사히 도착했다. 이곳에서 다시 스톤타운으로 가는 버스를 타야 한다. 내 옆에 앉았던 여성도 스톤타운 방향으로 간다기에 그녀와 같이 버스를 기다린다.

"운전이 너무 거칠어서 무서웠어요. 원래 이런가요?"

"아니요. 저도 무서웠어요."

나의 물음에 여성이 답했다.

"잠보, 저는 허입니다."

"잠보, 저는 제니퍼입니다."

제니퍼는 영국에서 유학 중이며 할아버지가 돌아가셔서 잠시 귀국했다고 한다. 또한 언니는 독일에서, 오빠는 미국에서 공부한다고 했다. 미래를 찾아 잔지바르섬을 떠나 다시 뭍 속의 섬으로 흩어진 제니퍼와 그녀의 형제들이 대견하면서도 애잔하게 느껴졌다. 서로의 소개를 마친 우리는 자가용도 아닌, 승객들이 가득 찬 승합 버스를 난폭하게 운전한 기사의 만행에 대해 신고를 운운하며 다시 분개한다.

정류장에 정차한 달라달라의 조수들이 목적지를 외치며 승객을 모은다. 노점상들이 생수, 아이스크림, 사탕수수 주스 등으로 더위에 지친 사람들의 발길을 붙든다. 제니퍼와 나도 아이스크림을 하나씩 사 물었다. 정류장 옆 아파트 외벽에 시커먼 물때가 장막처럼 흘러내렸다. 베란다에 널린 흰 빨래가 외벽과 대비되어 더욱 하얗게 보인다.

"저 버스예요."

정류장으로 들어오는 달라달라가 아닌 일반 버스를 가리키며 제니

퍼가 말했다.

제니퍼가 내 배낭을 안고 하나 남은 빈 좌석에 앉았다. 제니퍼는 한국 드라마와 영화를 즐겨 본다고 한다. 최근에는 K-팝에도 심취해 있다고 하며 웃는다. 그렇게 시작된 음악 이야기는 프레디 머큐리로 넘어갔다.

"잔지바르에서는 프레디 머큐리의 인기가 높지 않은 것 같아요. 그렇죠?"

"네. 영국 친구들도 내게 프레디 머큐리에 관해 묻고는 해요. 잔지바르에서 태어난 게 맞냐, 생가에는 가봤냐…. 그런데 여기 사람들은 퀸의 음악을 잘 몰라요. 안다고 하더라도 이슬람교도가 대부분인 잔지바르인들은 양성애자인 프레드 머큐리를 별로 좋아하지 않는 것 같아요."

전 세계적인 사랑을 받았던 영국 그룹 퀸의 보컬리스트로서 슈퍼스타가 됐던 프레디 머큐리. 정작 그의 고향인 잔지바르에서는 큰 관심을 받지 못하고 있다. 인도 출신인 그의 아버지는 잔지바르의 영국 총독부에서 일하는 공무원이었다. 그러다가 잔지바르 혁명정부 수립으로 인해 그의 가족은 1964년에 영국으로 추방되었다. 그 슬픈 기억 때문인지 프레디 머큐리는 40대 젊은 나이에 에이즈로 죽을 때까지도 이곳에서의 유년 시절 얘기를 꺼렸다고 한다. 그렇게 멀어진 잔지바르와 프레디 머큐리는 서로를 추억하려 하지 않는 듯하다. 더 타고 가야하는 제니퍼를 남겨 두고 나는 버스에서 내려 프레디 머큐리의 집으로 향했다.

베이지 색 3층 건물의 대문 앞에 서양 관광객 예닐곱이 모여 사진 촬영을 하고 있다. 대문 양옆에 달린 커다란 액자에는 프레디 머큐리의 활동 당시 모습들을 담은 흑백사진이 전시되었다. 화려한 무대의상을 입고 당당한 포즈로 노래하는 그의 모습에 아스라한 기억이 움터 오른다.

학창 시절 나는 퀸의 음악에 빠져 있었다. 용돈에 비해 비쌌던 레코드판을 여러 장 구매해서 전용 세정제를 뿌리고 닦아 가며 그들의 음악을 아껴 들었다. 오래전부터 잔지바르를 내 여행지 목록에 올려놓은 건 다름 아닌 프레디 머큐리, 바로 퀸이다.

붉은 대문 안에는 나를 설레게 했던 퀸의 멤버들이 음향기기와 악기를 세팅하며 공연을 준비하고 있을 것 같다. 나는 귀에 이어폰을 꽂고 즐겨 듣던 퀸의 음악을 틀었다. 그리고 문을 열어 그 시절로 들어선다. 프레디 머큐리의 환하게 웃고 있는 사진이 나를 맞는다.

Is this the real life? Is this just fantasy?

이것은 현실인가요? 아니면 단지 환상인가요?

Caught in a landslide No escape from reality

산사태에 묻히듯 현실에서 벗어날 수 없네요

느닷없이 눈시울이 뜨거워진다. 나는 당황스러워하며 눈물의 원인

을 찾아본다. 그렇지만 그 이유가 프레디 머큐리의 삶과 닮아 있는 염
세적인 노랫말 때문인지, 아니면 내 학창 시절의 뭔지 모를 애처로움
때문인지 도통 알 수가 없다.

불어오는 바닷바람에 야자나무 잎이 파르르 떨며 참빗 팅기는 소리
를 낸다. 한낮의 열기로 숨죽은 해변 도로가 그 아래를 지난다. 나는
전봇대처럼 띄엄띄엄 놓인 야자나무 그늘을 걷다가 옆 건물에서 새어
나오는 색소폰 소리에 고개를 든다. 초록색 발코니 안쪽에서 피아노
와 바이올린 소리도 뒤섞여 나온다. 그런데 발코니 아래 양쪽으로 열
려 있는 대문의 위세가 예사롭지 않다. 금색 징이 박힌 문은 나무판자
를 이어 붙인 보통의 대문들과 다르게 나무 하나를 통으로 깎아 만들
었다. 한 뼘이 넘는 두께는 과시된 위엄에 육중함을 더한다. 두 길 높
이의 커다란 문틀에는 향신료와 노예무역을 상징하는 정향과 사슬 모
양이 양각으로 새겨졌다. 닫았을 때 양 문 사이 틈을 막아 주는 용도
로 왼쪽 문짝에 부착된 덮개에도 이슬람 문양이 조각되어 있다. 기능
적인 덮개조차 간과하지 않은 세심한 조각은 이 화려한 문에 기울인
장인의 심혈과 건물주의 권세를 알 수 있게 한다.

"잠보!"

누군가 위에서 인사했다. 올려다보니 한 청년이 3층 발코니에서 상
체를 빼고 웃으며 내게 손을 들고 있다. 그의 머리에는 레게를 상징하
는 초록, 빨강, 노란색의 헐렁한 뜨개 모자가 쓰여 있다.

"잠보, 거기서 뭐 해요?"

나의 질문에 청년은 올라오라는 손짓으로 대답했다.

들어선 건물 안은 어두워 사물들이 천천히 모습을 드러낸다. 넓은 로비의 높은 회벽마다 크고 작은 그림들이 걸리고 기대졌다. 아프리카의 인물과 자연을 굵은 선과 거친 색감으로 표현한 그림들이다. 나는 하얀 플라스틱 의자에 앉아 나를 바라보는 검은 옷의 여인을 가장 늦게 발견한다. 흠칫 놀란 내게 여인이 먼저 인사한다.

"카리브!"

"잠보, 그림들이 멋지네요."

"네, 감사합니다."

그녀의 의자 옆에 지폐들이 들어 있는 바구니가 보인다. 이에 내가 묻는다.

"판매하는 건가요?"

"네, 아카데미 학생들의 작품으로서 판매도 하고 기부금도 받습니다."

"오! 대단하네요. 그러면 이 멋진 건물이 미술 아카데미인가요?"

여인은 아까부터 대문을 유심히 살피는 나를 봤다며 말을 잇는다.

"이 건물은 오만 제국 시절 잔지바르로 드나드는 상선에 세금을 부과하는 세관이었어요. 지금은 미술과 음악 아카데미로 사용하고 있죠."

인도양을 향해 열어젖힌 범상치 않은 대문의 역사를 그녀한테서 들을 수 있었다. 나는 여인과의 대화를 잠시 미루고 나를 기다리고 있을 청년에게로 향한다.

　로비에서 이어지는 통로를 지나 아담한 중정으로 들어선다. 몇 개 놓인 이젤에 스톤타운의 골목과 해변을 표현한 풍경화가 전시되었다. 이슬람 양식의 2층 회랑 벽에 걸린 그림들도 머리를 빼꼼히 내보인다. 서로 다른 악보를 읽어내는 악기 소리가 벽을 타고 내려와 뜰 안에 그림들과 뒤섞이며 움푹하게 담긴다. 그러나 음악 아카데미의 단서는 보이지 않는다. 아마도 청년이 있는 3층일 것이다. 중정 위로 네모난 창공이 푸르게 열렸다.

　나는 아카데미의 이모저모를 알리는 게시물 옆으로 난 계단을 오른다. 회칠이 벗겨진 계단 벽에 나무 난간이 견고하게 부착되어 있다. 계단이 꺾이는 중간층마다 뚫린 환기창에서 선선한 바람이 들어온다. 굽이굽이 오른 계단 끝에 하늘과 맞닿은 3층 회랑은 해변만큼이나 눈이 부시다. 작은 야자나무가 심긴 커다란 화분 옆에서 두 청년이 아코디언과 바이올린으로 음계 연습을 하고 있다. 그들은 신중하게 짚는 손가락 하나하나에 시선을 두고 있어 내 카메라를 의식할 겨를이 없다. 피아노 연주가 멎은 방을 들여다보니 건반 앞에 앉은 중년 남성과 청년이 대화를 나눈다. 중년 남성의 부드러운 손놀림이 다시 건반 위를 오간다. 이어서 청년이 한 옥타브 위 건반에서 스승의 연주를 되새김한다.

　발코니를 찾고 있는 나를 회랑 건너편 방에서 줄무늬 히잡을 쓴 여

성이 부른다. 방문 위에는 음악 아카데미의 이름일 것 같은 'Dhow Countries Music Academy'라고 쓰인 하얀 명판이 붙어 있다. 오만 제국 당시 인도양, 동아프리카 일대에서 사용되던 아랍의 범선인 도우를 이름에 넣은 것을 보고 아카데미의 설립 목적과 정체성을 헤아릴 수 있었다. 사무실로 꾸며진 방에는 두 명의 남성이 더 앉아 있었다. 들어가도 되는지를 묻는 내게 셋은 한목소리로 인사한다.

"카리브!"

자신을 수석 교사라고 소개한 남성이 벽에 걸린 인물 사진과 포스터에 홍미를 보이는 내게 아카데미에 대한 설명을 이어 간다.

"우리 학교 DCMA는 2002년에 설립되어 아랍, 인도, 아프리카 문화가 혼합된 잔지바르의 특별한 전통음악을 홍보하고 보존해 왔습니다. 학교는 음악을 통해 전통문화와 유산을 가르칠 뿐만 아니라 생계를 꾸리기 위한 대안을 찾는 젊은 음악가를 양성하는 역할도 하고 있습니다. 그래서 전통악기와 함께 다양한 악기들도 가르치고 있죠."

수석교사는 DCMA의 설립 취지와 운영 방식, 재정 상태 등에 대해서도 설명한다. 많은 학생이 등록금을 제때 내지 못하는 형편이어서 교사와 교직원들이 급여를 보장받지 못하고 있지만, 사명감을 가지고 아카데미를 운영하고 있다고 한다. 그리고 관심을 가지고 방문해 준 내가 고맙다며 아랍 전통 발현악기인 우드를 옆구리에 차고 노래 한 곡을 연주해 준다. 지판의 구분이 따로 없어 난도 높은 운지를 수석교사는 눈을 감고도 능숙하게 짚어낸다. 은은하고 감미로운 현의 퉁김

과 구성진 목소리는 마법의 양탄자가 되어 열린 나무 창문으로 불어오는 바람을 타고 먼 아라비아로 날아간다.

우드는 어쿠스틱 기타와 비슷하게 생긴 모양으로 모서리 없는 둥근 모양의 울림통과 뒤쪽으로 구부러진 짧은 목의 줄감개가 달렸다. 16세기부터 18세기까지 유럽에서 유행한 류트도 우드에서 유래됐고 지금의 기타도 마찬가지다. 따지고 보면 아랍에서 유래하고 기초가 된 현대 문명은 한둘이 아니다. 대표적인 것이 아라비아 숫자이다. 수의 크기가 늘어날수록 더욱 복잡해지는 로마 방식의 숫자 체계와 계산법을 사용하던 서구에 혁신적인 아라비아 숫자와 이에 더해 현대의 전자계산기에 해당하는 주판까지 알려지면서 사회 전반에 큰 영향을 끼쳤다. 연금술(Alchemy), 대수학(Algebra), 알코올(Alcohol), 알고리즘(Algorithm), 알칼리(Alkali) 등은 지금도 널리 쓰이는 이과 계통의 보편 용어다. 이 단어들의 공통점은 모두 아랍어의 정관사인 '알(Al)'로 시작하는 것이다. 이는 융성했던 아랍의 수학과 과학이 서구의 그것에 유래이자 기초가 되었다는 방증이다. 사무실 밖 회랑 벽면에 그려진 서양 음계의 이름 '도-레-미-파-솔-라-시' 또한 '달-라-밈-파-솔-람-신'의 아랍어에서 온 것이다. 이토록 서구의 문명으로만 오롯이 채워졌을 것 같은 현대의 과학과 수학, 그리고 음악 등 다양한 분야에서 아랍의 지분은 지대하다. 하지만 잔지바르는 아랍이 전부인 것 같다. 아랍의 경제와 문화, 그리고 종교가 뼛속 깊이 새겨진 잔지바르이기에 이들의 전통음악은 아프리카보다는 아랍에 기초하고 유래한다. 그러기에 DCMA도 아람의 색채가 깊게 스민 음악을 전수하고 보전하는 것을 설립 이념으로 삼았을 것이다. 다만 지금은 설립 초기보다 다양한 장르의 음악과 악기를 융합하는 시도가 이루어지고 있었다.

사무실을 나와 줄무늬 히잡을 쓴 여성의 안내로 발코니가 딸린 방으로 갔다. 방에서 색소폰과 피아노의 합주가 이루어지고 있다. 낭창낭창한 피아노 소리와 깊고 푸근한 테너 색소폰 소리가 서로를 거들며 어우러진 풍부함으로 방안을 넉넉하게 채운다. 발코니가 딸린 방이었기에 시원스러운 조망을 기대했던 나는 두 연주자의 멋진 공연에 심취하지는 못했다. 방문 건너편 벽에 초록색의 나무문이 몇 개 달려 있을 뿐 창문은 보이지 않았다. 나를 안내해 준 여성에게 묻는다.

"발코니는 어디에 있나요?"

내 질문에 여성이 아닌 맨 왼쪽의 초록 문이 열리며 답한다. 문밖에는 나를 이곳으로 초대했던 청년이 바다를 뒤로하고 서서 내게 인사한다.

"잠보!"

청년의 손에는 빨간 나일론 기타가 들렸다.

"오랜만이네요."

나는 청년에게 인사하며 발코니로 나갔다. 그리고 청년과 나무 벤치에 나란히 기대어 앉는다. 발코니에서 보이는 인도양은 드넓고 푸르렀다. 저 멀리 정박한 커다란 상선 앞으로 하얀 여객선이 하늘에 구름 가듯 천천히 흘러간다. 그 앞으로 작은 고깃배들이 연꽃처럼 떠 있다.

뜨개 모자를 내려쓴 청년의 감미로운 기타 연주가 시작된다. 불어오는 바닷바람에 야자나무들이 해변을 따라 넘실대며 잊었던 춤을 다시 추기 시작한다.

'향신료의 섬'이라는 별칭을 가진 잔지바르인 만큼 다라자니 시장에는 여러 가지의 향신료를 다양한 크기로 포장해서 판매하는 상점들이 즐비하다. 붉은색 정향, 노란색 육두구, 갈색 계피, 검은색 후추 등 가판대 위에 비닐 포장된 향신료들은 종류만큼이나 다양한 색을 가지고 있다. 마치 향신료가 아닌 물감의 원료를 진열해 놓은 것 같다. 건너편 구역은 더욱 화려하다. 수박, 파인애플, 자몽, 망고, 오렌지 등의 과일과 당근, 토마토, 양배추, 양파, 피망 등의 각종 채소를 파는 상점들이 들어선 것이다. 한쪽 처마에 걸린 노란색, 빨간색, 녹색의 바나나가 초등학교 앞 삼색 신호등을 연상케 한다.

나는 비릿한 냄새를 따라 어둑한 곳으로 들어선다. 복도를 가운데 두고 양쪽으로 인조석 선반이 길게 배치되었다. 낮은 칸막이로 한 평 남짓씩 구획을 나눈 상인들이 각종 축산물을 판매하고 있다. S 자 형의 쇠갈고리에 듬성듬성 잘린 붉고 흰 고기들이 주렁주렁 걸렸다. 안쪽으로 들어갈수록 묵직해지는 날고기 비린내에 속이 메스껍고 역겨워진다. 숨을 멈추고 잰걸음으로 지나가려는데 상상하지 못했던 모습이 내 눈에 들어온다. 줄무늬 모자를 쓴 상인이 소머리를 해체하고 있다. 커다란 뿔 아래 눈을 둥그렇게 뜨고 있는 소머리가 상인의 내리치

는 칼에 들썩인다. 귀를 도려낸 날카로운 칼이 숨이 끊어져 벌어진 입가에 박힌다. 상인은 아가리를 더 깊게 찢으려 꽂힌 칼을 흔들어 쑤셔댄다. 소의 넓적한 아랫입술이 그의 힘줄 선 팔뚝을 따라 너덜거린다. 발골하며 튄 살점들이 주변 벽에 핏빛으로 들러붙는다. 다시 보니 칼자루를 쥔 상인의 어두운 선반에는 머리뼈가 헤쳐진 소머리가 하나가 아니었다. 이미 여러 개가 널브러져 있었다. 나는 무덤덤한 상인들의 표정을 의식하며 천천히 걸음을 옮겨 수산물을 판매하는 옆 건물로 이동한다.

풍부한 해양 자원을 품은 인도양에 둘러싸인 잔지바르의 어시장은 신선한 해산물로 가득하다. 두족류인 오징어, 문어를 비롯해 새끼손가락만 한 멸치부터 어른 키만 한 청새치까지 다양한 종류의 물고기들이 인조석 선반에 쌓였다. 상인들이 두툼한 나무 도마에서 능숙하고 단조로운 손놀림으로 생선을 손질한다. 복도 쪽으로 기울기를 둔 선반에서 벌건 생선의 피가 흘러내린다. 손질이 끝난 생선은 장판 위에 가지런히 올라가 손님 맞을 채비를 한다. 그 아래를 토실토실 살이 오른 흰 고양이가 소 닭 보듯 지나간다. 도둑고양이에게도 흔한 생선은 지겨운 식단인 모양이다. 어젯밤 주민들과 여행자들이 한데 섞여 북적이던 야시장에서도 가장 많았던 먹거리는 오징어, 문어, 게, 바닷가재 등의 해산물 요리였고 일반 음식점 메뉴의 대부분도 그랬다. 가격 또한 저렴하다. 이 섬 어디에서나 신선한 해산물은 차고 넘친다. 잔지바르는 실로 해산물의 천국이라 할 수 있다.

나는 탱탱하고 하얀 바닷가재의 속살을 입안에 잔뜩 넣고 우적거리는 상상을 하며 어시장 건너편 식당으로 간다. 아주 게걸스럽고 맛있게 먹으려 한다.

잔지바르는 페르시아어의 검은색을 뜻하는 '잔지'와 해안을 가리키는 '바르'의 합성어로서 '검은 해안'이라는 뜻을 지닌다. 향신료와 해산물 등의 풍요로운 자원으로 수에즈 운하가 뚫리기 전까지 해상 무역의 중심지로 번영했던 잔지바르는 검은 해안에서 파생된 듯한 '인도양의 흑진주'라는 또 다른 별칭을 가지고 있다. 그런데 검은색의 해안이라곤 그 어디에도 찾아볼 수 없는 이곳을 생각하면 '잔지'의 실제 의미는 흑인을 지칭하는 것이 아닐까?

'흑인들의 해안.'

오래전부터 불렀을 이 이름이 내게는 슬픔으로 다가온다. 이곳이 수백 년 이상 동아프리카 노예무역의 근거지 역할을 했던 비참한 역사가 있기 때문이다.

16세기 초 아프리카에 진출한 포르투갈인들은 잔지바르를 노예무역의 거점 항구로 만들고 동아프리카에서 잡아 온 사람들을 노예시장에서 팔았다. 포르투갈에 이어 잔지바르를 점령한 아랍인과 영국인도이 비극의 역사에 가담한다. 15세기 중반부터 약 400년 동안 아프리카에서 잡혀간 노예는 수백만 명, 그중에서 잔지바르에서 팔려나간 노예의 수는 무려 60만 명이다.

나는 다라자니 시장을 나와 골목 하나를 지나 노예무역 전시관으로 들어갔다. 당시 노예들의 처참한 삶을 보여 주는 사진과 자료들은 보는 이를 침통하게 만든다. 음침한 계단을 따라 내려간 지하에는 어둡고 쾨쾨한 노예수용소가 있다. 천정이 낮아 허리를 펴고 설 수가 없다. 노예시장으로 나가기 전 잡혀 온 사람들이 마지막으로 수용되었던 장소이다. 10명이 생활하기에도 좁아 뵈는 공간은 두 구역으로 나뉘어 여성과 어린이 75명, 남성 50명씩 각각 수용됐다고 한다. 노예들은 화장실도 없는 이곳에서 무거운 쇠사슬이 목에 채워진 채 일주일 동안 갇혔다가 경매로 팔려나갔다. 지옥보다도 더 참혹했을 이곳에서 상상할 수 없는 불안과 공포에 울부짖던 그들의 절규가 들리는 것 같다.

전시관 마당 햇볕이 잘 드는 곳에 쇠사슬로 목이 서로 엮인 노예들을 형상화한 조형물이 설치되어 있다. 옆쪽 노예시장 터였던 자리에는 영국 성공회 대성당이 세워져 있다. 선교사 리빙스턴의 노예무역에 관한 보고서를 시작으로 결국 노예제도는 폐지됐다. 하지만 수백 년 동안 노예제도를 방관하고 때로는 동조했던 종교가 깊이 팬 상처를 교회로 덮으며 스스로 용서하는 잔인함을 보인 것은 아닌지 묻고 싶다. 먹먹한 가슴에 검은 눈물이 흐른다.

나는 시린 마음으로 스톤타운의 골목들을 지나 해안가에 있는 올드 포트에 도착한다. 이곳은 오만 제국 시절 술탄이 포르투갈과 영국의 침입을 막고자 쌓아 올린 요새이다. 열린 성문으로 들어서니 시골 분교 운동장만 한 크기의 공터가 나타난다. 고슬고슬한 잔디밭이 널

따란 하늘을 향해 폭신하게 깔려 있다. 그런데 성벽 아래 지은 간이 건물에 몇 개의 기념품 상점들이 뜬금없이 들어섰다. 햇빛을 가릴 넓은 창이 붙은 모자, 수가 놓인 전통 의상, 나무를 조각해서 만든 토속 가면, 그리고 팅가팅가 등을 파는 가게들이다. 문화유산으로서 또는 관광상품으로서 정부가 나서서 개발하고 관리할 법한 성채 안에 생각지도 못한 풍경이 개입한 것이다. 다른 방문객들도 나와 같은지 어색한 동거를 하는 상점으로 선뜻 발길을 떼지 못하고 건너편에서 지켜보기만 한다. 이에 상인들도 익숙한 듯 굳이 호객에 나서지 않는다. 서로 멀뚱한 시선을 간간이 보낼 뿐이다.

호젓한 올드 포트 옆에 잔지바르에서 가장 높은 건물인 경이의 집이 있다. 잔지바르 혁명 당시 쫓겨난 마지막 술탄의 궁전으로서 지금은 박물관으로 개조되었다. 잔지바르에서 최초로 전기가 들어오고 엘리베이터가 설치됐던 건물이기도 하다. 당시 신문물을 처음 경험한 사람들이 그 놀라움과 신기함에 경이의 집이라는 이름을 붙였다고 한다. 중앙에 삐죽 솟아 있는 시계탑은 영국군의 포격으로 대부분 파괴된 궁전을 개축하면서 세워졌다. 술탄의 재래식 무기로 개항을 요구하는 막강한 화력의 영국군에 맞서기란 속절없는 것이었다. 결국 영국군에게 투항한 술탄은 영국의 식민 통치 아래에서 꼭두각시 왕으로 전락했다. 나는 최초로 점등 점화식이 열렸던 경복궁에서 스러지는 조선을 지켜보던 무기력한 고종과 순종의 모습이 연상되어 서글퍼졌다.

포연 가득했던 궁전 테라스에서 맨발의 아이들이 골목 축구를 하고 있다. 경기에 참여하지 않는 팀은 하얀 철제 난간에 걸터앉아 관전하며 차례를 기다린다. 공을 따라 움직이는 진지한 아이들의 얼굴에서 땀이 삘삘 흐른다. 나도 궁전의 아픈 역사를 잊은 채 치열한 아이들의 한바탕 싸움 속으로 빠져든다.

경이의 집 앞 해안가로 나서면 해변 광장인 포로다니 정원을 만난다. 해 질 녘 광장에 산들바람이 분다. 광장 끝 방파제에 큰 구경거리가 난 듯 사람들이 운집해 있다. 환호와 박수 소리가 들리는 곳에는 청년들이 바닷속으로 다이빙하고 있다. 5m가 넘는 높이의 방파제를 발판 삼아 솟구쳐 오른 청년들은 제각각의 곡예를 선보이며 물속으로 뛰어든다. 입수 자세 또한 다양하다. 화살이 꽂히듯 감쪽같이 들어가기도 하고 두 팔을 쫙 벌려 배치기 또는 등치기로 큰 물보라와 파열음을 내기도 한다. 입수한 후에는 날렵하게 방파제로 올라와 다음 비행을 준비한다. 어느새 어두워진 탓에 구경꾼들의 카메라에서 플래시가 번쩍인다.

광장은 야시장 준비로 분주하다. 상인들이 이곳저곳에서 흐릿한 백열전구를 내걸고 좌대를 펴기 시작한다. 어제와 같았던 뜨거운 오늘을 보낸 사람들이 석양을 등에 짊어지고 하나둘 모여든다.

나는 나무 벤치에 깊숙이 앉아 붉게 물든 잔지바르의 하늘을 가슴 깊이 새기려 하염없이 응시한다. 검은 대륙 아프리카가 걸어온 길만큼이나 부침 많은 풍랑을 건너온 섬 잔지바르. 저 검붉은 하늘은 섬이 견뎌낸 고통의 시간을 말없이 지켜보며 변함없이 품어 주었을 것이다.

이제 애틋함을 두고 떠나야 하는 여행자는 간곡히 기도한다.

'그리움을 안고 다시 찾을 때까지 아픔 없이 잘 지내기를…'

그리고 인사한다.

'잔지바르 안녕, 아프리카 안녕!'

배낭여행은 위험해

발행일	2024년 11월 13일			
지은이	허성행			
펴낸이	손형국			
펴낸곳	(주)북랩			
편집인	선일영	편집	김은수, 배진용, 김현아, 김다빈, 김부경	
디자인	이현수, 김민하, 임진형, 안유경, 한수희	제작	박기성, 구성우, 이창영, 배상진	
마케팅	김회란, 박진관			
출판등록	2004. 12. 1(제2012-000051호)			
주소	서울특별시 금천구 가산디지털 1로 168, 우림라이온스밸리 B동 B111호, B113~115호			
홈페이지	www.book.co.kr			
전화번호	(02)2026-5777		팩스	(02)3159-9637

ISBN   979-11-7224-365-4 03980 (종이책)   979-11-7224-366-1 05980 (전자책)

(주)북랩 성공출판의 파트너

북랩 홈페이지와 패밀리 사이트에서 다양한 출판 솔루션을 만나 보세요!

홈페이지 book.co.kr   •   **블로그** blog.naver.com/essaybook   •   **출판문의** text@book.co.kr

작가 연락처 문의 ▸ ask.book.co.kr

작가 연락처는 개인정보이므로 북랩에서 알려드릴 수 없습니다.